가볍게 읽는

우주의

신비

POST SCIENCE/15

다니구치.요시아키 지음
이재화 옮김
김용기 감수

가볍게 읽는

우주의 신비

 북스힐

등장 캐릭터 소개

유미

바비

몽이

유미
고등학교 2학년. 꿈으로 가득한 우주를 사랑한다. 천문 동아리 부장.

바비
고등학교 1학년. 우주의 기원에 대해 흥미가 있다.

몽이
우주의 맨 끝이 알고 싶은 원숭이.

2

시작하며

'우리는 지구에 살고 있으므로 지구인입니다.'

그럼 지구는 어디에 있을까요? 바로 우주입니다. 우리는 우주에 살고 있지요. 따라서 이렇게 말할 수도 있습니다.

'우리는 우주에 살고 있으므로 우주인입니다.'

네, 우리는 우주인이었던 겁니다.

초등학교 시절 사회 수업 시간에 자신이 사는 마을에 대해 배운 기억이 있습니다. '우린 어떤 마을에 살고 있는 걸까?' 마을 중심까지 버스를 타고 갈 때는 나도 모르게 두근거렸습니다. 어린아이의 마음에도 내가 사는 마을은 흥미진진한 곳이었습니다. 여러분도 비슷한 경험이 있을지 모릅니다. 자신이 살고 있는 마을에 대해 자세히 알고 싶은 마음은 인간이 지닌 지적 호기심의 발로입니다.

그럼, 우주인인 우리는 우리가 살고 있는 우주에 대해 알고 싶지 않을까요? 우주 또는 천문학이라는 소리를 들으면 어쩐지 골치부터 아프다는 사람이 있을지 모릅니다. 그런데 우주는 의외로 가까이 있습니다.

태양, 달, 금성과 목성 그리고 별. 모두 다 우주에 있는 천체입니다. 하늘을 올려다보면 그곳이 바로 우주입니다. 그럼 눈에 보이는 것만 알면 만족할 수 있을까요? 우주에는 성운이나 성단 그리고 은하라고 하는 놀랄 만큼 아름다운 천체가 가득 있습니다. 이들은 언제, 어떻게 태어나 자라 온 것일까요? 또한, 우주에는 왜 다양한 천체가 있는 것일까요? 걷잡을 수 없는 호기심이 일어나지요. 누구나 이러한 질문의 답을 알고 싶을 겁니다. 저 같은 사람은 이 궁금증에 사로잡혀 천문학자가 되었을 정도니까요.

별과 행성 그리고 은하 등의 천체에 대한 연구는 상당히 진척돼 왔습니다. 이 책에서는 우리가 볼 수 있는 천체의 성질에 대해, 아름다운 사진과 일러스트 그리고 알기 쉬운 만화로 설명해 드리려 합니다. 틀림없이 지금까지 밝혀낸 우주의 모습을 마음껏 즐기실 수 있을 겁니다.

그럼 우리는 이 우주를 잘 이해하고 있다고 할 수 있을까요? 안타깝게도 답은 'No'입니다. 조사하면 조사할수록 우주에 대해 더 많은 것을 이해할 수 있지만, 그 대신 더 어려운 문제가 등장합니다. 마치 끝나지 않는 게임처럼……

최근의 난제 중 가장 주목받는 것은 암흑물질(dark matter)과 암흑에너지(dark energy)입니다. 이들은 지금까지도 정체불명이지만, 우리가 사는 우주는 틀림없이 이 암흑이 조종하고 있습니다. 이 두 가지 성분이 우주 물질의 95%를 차지하고 있기 때문입니다(암흑물질이 27%, 암흑에너지가 68%). 즉 우리가 알고 있는 원자로 이루어진 물질은 겨우 5%를 차지하고 있을 뿐입니다.

이렇듯 인류는 우리가 신비로운 우주에 살고 있다는 사실을 밝혀냈습니다. 그런데 하나 더 신기한 것이 있습니다. 거의 모든 은하의 중심에는 거대질량 블랙홀이 자리 잡고 있다는 사실입니다. 질량은 태양의 백만 배부터 십억 배까지 이릅니다. 이유는 잘 밝혀지지 않았지만 거대질량 블랙홀의 질량은 은하의 질량에 비례하는 것 같습니다. 왜 은하 중심에 거대질량 블랙홀이 태어난 걸까요? 왜 은하의 질량과 관계가 있을까요? 이 문제도 아직 미해결 상태입니다.

우리는 우주에 있는 하나의 은하에 살고 있습니다. 이 은하는 밖에 있는 암흑물질과 암흑에너지, 안에 있는 거대질량 블랙홀, 이렇게 세 가지 암흑

상태에 조종당하고 있습니다.

아무래도 우리는 참으로 놀라운 그리고 아직 수수께끼투성이인 우주에 살고 있는 것 같습니다. 우리 우주인이 살고 있는 이 신비로운 우주를 가끔 탐험해 보는 건 어떨까요? 그럼 먼저, 눈에 보이는 우주의 세계를 즐겨 보겠습니다.

2014년 8월 마츠야마 시(松山市) 도고(道後)에서

차례

지구

The Earth

우리는 우주에 살고 있으므로 우주인입니다.
하지만 지구에 살고 있는 지구인이기도 합니다.
먼저, 지구부터 알아볼까요?

1 우주에는 무엇이 있을까요?

우주에 있는 물체를 천체라고 부릅니다. 천체는 다양합니다. 지구도 우주에 있는 물체이므로 천체 중 하나이며, 행성으로 분류됩니다. 밤하늘에 뜬 달은 행성(지구 등)의 위성이라고 부릅니다. 낮에 눈부시게 빛나는 태양은 특별한 이름으로 부르고 있지만, 항성 중 하나입니다. 별(항성)과 행성의 차이는 빛의 원천입니다. 별은 자신의 에너지를 사용해 빛을 내지만, 행성은 스스로 빛나는 것이 아니라 별빛을 반사하고 있을 뿐입니다.

밤하늘에 보이는 수많은 별과 태양이 같은 별이라는 사실에 의아할 수도 있습니다. 그러나 태양은 지구와 매우 가까운 곳에 있어서 한층 더 밝게 빛나 보일 뿐입니다. 사실 지구는 태양 주위를 도는 행성으로, 금성이나 화성 등의 행성과 함께 태양계를 구성하고 있습니다. 또한, 태양계에는 행성보다 작은 왜행성이나 소행성, 더욱 작은 미세한 암석이나 얼음과 같이 다양한 종류의 천체가 모여 있습니다.

태양계를 벗어나면 우리은하에 속한 별이나 성운의 세계를 만나게 됩니다. 성운은 별이 아니라 전리(이온화. 원자 또는 분자가 양이온이나 음이온으로 분해되는 현상-역주)된 가스나 분자구름으로 이루어진 천체로, 다양한 원리에 의해 아름답게 빛납니다. 우리은하에는 약 2,000억 개가 넘는 별이 있으며, 마치 거대한 배처럼 우주에 떠 있습니다. 또한, 우주에는 약 1,000억 개가 넘는 은하가 있습니다. 은하는 줄지어 분포하여 우주 거대 구조를 구성합니다. 그럼 은하가 없는 곳에는 무엇이 있을까요? 바로 밀도가 낮은 가스나 미지의 암흑물질과 암흑에너지로 가득 차 있다고 합니다.

(그림: 일본 국립천문대)

2 지구가 둥글다면 반대쪽 사람은 어떻게 될까요?

지구는 땅 '지地'와 공 '구球' 자를 합쳐 쓴 말입니다. 공처럼 둥근 형태를 한 대지, 그것이 지구입니다. 어린 시절에 '지구는 둥글다!'라는 말을 들어도 잘 와닿지 않은 사람이 많았을 것입니다. 하지만 바다를 봤다면 지구가 둥글다는 사실을 실감할 수 있었을지도 모릅니다.

홋카이도에는 무로란 시室蘭市에 '지구곶地球岬'이라는 이름의 곳이 있습니다. 곶 전망대에 올라가 태평양을 쭉 바라보면 수평선이 둥글게 보이는데, 그 모습을 보면 정말 지구가 둥글다는 사실을 실감할 수 있습니다.

과학이 발달한 현대라서 아는 것이 결코 아닙니다. 옛날 사람들도 '지구는 둥글지 않을까'라고 생각했습니다. 예를 들어 에라토스테네스(기원전 275~194년. 고대 그리스의 천문학자이자 수학자로 자전축의 기울기를 계산하고 소수를 찾는 방법도 고안했다-역주)는 최초로 지구의 둘레를 측정했는데 놀라울 정도로 정밀한(약 4만 5,000 km. 오늘날의 측정값은 4만 km-역주) 값을 구했다고 합니다. 이는 지구가 둥글다는 전제 없이는 불가능한 이야기입니다.

지구가 둥글다면 지구 반대쪽 사람들은 어떻게 사는 걸까요? 지구본을 보면 일본 반대쪽에는 남미의 나라들이 있습니다. 어린 시절에는 그곳에 사는 사람들이 떨어지지 않을까 걱정했는데, 아마 고대인들도 마찬가지였을 겁니다.

이 수수께끼는 17세기 아이작 뉴턴이 **만유인력 법칙**을 발견하기 전까지 풀리지 않았습니다. 지구 표면에 있는 사람은 지구의 중력에 의해 중심 방향으로 당겨지기 때문에 어디에 있든 땅에 발을 붙이고 안전히 살 수 있습니다. 만유인력은 고등학교에 들어가서부터 자세하게 배우므로 만유인력에 대해 잘 모르는 어린 시절에는 누구나 이런 걱정을 할 수밖에 없을 것입니다.

우리가 살고 있는 천체

지구에 대해 이야기해 봅시다.

둥근 땅

우리가 사는 지구는 둥근 행성 입니다.

그럼 반대쪽에 사는 사람은 떨어지지 않을까요?

지구의 중력에 의해 중심 방향으로 당겨지고 있으니 괜찮습니다.

중력

중심

사실 중력이라는 힘은 '질량'에 비례합니다. 즉, 지구라는 커다란 질량, 그 자체가 커다란 중력의 원천이죠.

만유인력 법칙이란?

달

뉴턴

사과

지구

'사과'도 '저'도 지구를 당기는 물체입니다. 뉴턴은 우주의 모든 물체가 서로 끌어당기고 있다고 생각했죠.

두 물체 사이에는 질량의 곱에 비례하고 거리의 제곱에 반비례하는, 서로 끌어당기는 힘이 작용한다는 법칙이 바로 '만유인력 법칙'입니다.

3 지구는 왜 찌그러져 있을까요?

지구는 정말 완전히 둥근 천체인 걸까요? 기상위성 '히마와리 6호(해바라기라는 뜻이다-역주)'에서 촬영한 오른쪽 사진을 보면 완전히 동그랗게 보입니다. 즉, 지구는 완전히 둥근 천체라는 것입니다.

지구가 둥근 형태를 한 이유는 바로 지구 질량이 크기 때문입니다. 지구의 질량은 6억 kg의 1억 배의 1억 배(5.9736×10^{24} kg)나 됩니다. 이만한 질량이면 지구 자체의 중력으로 형태를 조정해 갈 수 있습니다. 지구 표면에 있는 물질에 작용하는 중력은 지구 중심으로 향하기 때문에 둥근 형태로 안정된 형태를 유지하게 됩니다.

그런데 좀더 조사해 보니, 지구는 완전히 둥근 천체가 아니었습니다. 적도를 지나가는 원의 적도 반지름은 6,378 km지만, 북극과 남극을 지나가는 원의 극 반지름은 6,357 km였습니다. 극 반지름이 적도 반지름에 비해 21 km나 짧습니다. 즉, 적도 방향으로 약간 눌린 형태를 하고 있다는 말입니다.

왜 지구는 찌그러진 모양을 하고 있을까요? 바로 지구가 자전하고 있기 때문입니다. 지구는 24시간에 걸쳐 한 바퀴를 도는데, 그것이 우리가 말하는 하루입니다. 자전이 지구의 모양을 약간 찌그러뜨립니다.

지구가 자전하면 어떤 일이 일어날까요? 놀랍게도 위도에 따라 자전속도가 달라집니다. 그리고 지표에서 자전속도가 가장 큰 장소는 바로 적도입니다. 그래서 밖으로 작용하는 원심력이 가장 강합니다. 한편, 자전축에서는 자전속도가 제로이므로 북극과 남극에서는 원심력이 작용하지 않습니다. 따라서 원심력의 차이에 의해 약간이지만 적도면을 따라 부푼 형태가 된 것입니다.

(사진: 일본 기상청 '히마와리 6호가 촬영한 지구')

(https://www.data.jma.go.jp/cpdinfo/chishiki_ondanka/p01.html)

17

4 지구 내부에는 무엇이 있을까요?

지구는 암석으로 이루어진 행성이지만, 내부는 다양한 구조로 구성돼 있습니다. 지표면 아래에는 지각이라 부르는 층이 있습니다. 이곳은 화강암, 안산암, 현무암 등 과학 시간에 배운 친숙한 암석으로 이루어져 있습니다. 지각은 매끈하게 연결돼 있지 않고, 몇 개의 판(plate)이라 부르는 거대한 '지구의 껍질'로 나뉘어 있습니다.

지각 아래에는 맨틀이 있습니다. 맨틀은 지각과는 달리 감람암이 주된 성분이므로, 지각과 맨틀은 구조가 다릅니다. 판의 경계 부근에 커다란 힘이 작용하면 지진이 발생하는데, 이때 지각 안으로 전달되는 지진파는 성분이 서로 다른 맨틀과의 경계면에서 굴절됩니다. 이 현상을 발견자의 이름을 붙여 모호로비치치 불연속면(Mohorovicic discontinuity)이라고 부릅니다. 맨틀의 존재는 지진파의 연구로 발견되었습니다.

맨틀의 주성분은 감람암인데, 과연 물이 있을까요? 지표 대부분은 바다로 덮여 있습니다. 맨틀은 지표보다 압력이 높으므로 바다처럼 다량의 물은 없다고 여겨지지만, 광물 중에 물을 포함하고 있는 것이 있습니다.

맨틀 아래에는 핵(코어, core)이 있으며, 외핵과 내핵으로 나뉘어 있습니다. 외핵은 철이나 니켈을 주성분으로 하는 액상 물질로 이루어져 있는 반면, 내핵은 압력이 높으므로(약 400만 기압) 고체로 되어 있습니다. 지구 중심부의 온도는 약 5,000℃가 넘습니다.

지구는 탄생 후 46억 년 동안 현재의 지구의 모습을 유지하고 있지만, 지구의 내부는 아직도 쉬지 않고 맥동하며 변화하고 있습니다.

지구 내부에는 고온이며 유동성 있는 맨틀이 있습니다.

하지만 내핵까지 들어가면 높은 압력 때문에 완전한 고체로 이루어져 있습니다.

맨틀의 유동성은 판이 움직이는 원인이 되고, 곧 지진을 일으킵니다.

지표
지각
상부 맨틀
하부 맨틀
외핵
내핵

북아메리카판
태평양판
유라시아판
필리핀판
상부 맨틀
하부 맨틀

부장으로서 어디 구멍이 있다면 들어가고 싶은 심정이에요…. 아주 맨틀까지….

…
그럼,
녹아
버리겠죠!

무반응

5 지표를 덮은 대기의 성분

지면에서 눈을 위로 올려 봅시다. 그곳에는 대기가 펼쳐져 있습니다. 대기가 없으면 우리는 살아갈 수 없습니다. 이렇게 소중한 대기는 지표에서 약 500 km 높이까지 펼쳐지는데, 그 영역을 대기권이라고 부릅니다. 그 바깥쪽은 이제 우주 공간입니다.

대기에는 무엇이 포함돼 있을까요? 대략 말하면 질소가 80%, 산소가 20%입니다. 우리에게 산소가 가장 중요하니까 당연히 산소가 가장 많다고 생각하기 쉽지만 그렇지 않습니다.

의외로 3위는 그다지 들어 본 적이 없는 아르곤(argon)입니다. 아르곤은 원자번호 18번 원소로 비활성기체(noble gas)라고 부르는 원소 그룹 중 하나입니다. 비활성기체는 화학반응을 거의 하지 않는 기체입니다. 애초에 아르곤이란 이름은 '나태한'이라는 뜻의 그리스어에서 유래했습니다.

대기 중에 아르곤이 많은 이유는 대지에 함유된 칼륨이 전자를 붙잡아 변화한 아르곤이 그대로 남아 있기 때문입니다. 한 번 아르곤이 되면 반응하지 않으므로(즉, 나태하므로) 그대로 잔존하는 것입니다. 이런 이유로 3위를 유지하고 있는 것도 어떻게 보면 대단하다고 할 수 있습니다.

표. 대기에 함유된 주요 성분

대기	화학식	부피비(%)
질소	N_2	78.084
산소	O_2	20.9476
아르곤	Ar	0.934
이산화탄소	CO_2	0.032

지면 위로
나왔습니다.

그곳에
펼쳐진 것은…
대기입니다.

사진: NASA

대기 또한
지구의 질량,
중력에 붙잡혀
있습니다.
따라서 지구
이외의 행성에도
질량에 따라
대기가
존재할 수도
있습니다.

공기층

지구의 중력

태양계
구성원 중
오직
지구만이
산소를
약 20%나
포함하고
있습니다.

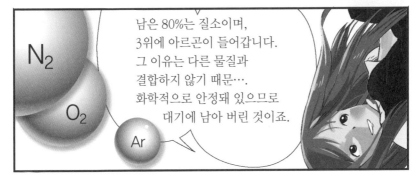

N_2

O_2

Ar

남은 80%는 질소이며,
3위에 아르곤이 들어갑니다.
그 이유는 다른 물질과
결합하지 않기 때문….
화학적으로 안정돼 있으므로
대기에 남아 버린 것이죠.

6 대기의 적층 구조와 그 역할

고도가 높아지면 대기의 온도는 내려갑니다. 태양이 가열한 지표에서 멀어져 가기 때문입니다. 또한, 밀도와 화학 조성도 변화합니다. 그래서 고도에 따라 4개의 층으로 분리되어 있습니다. 바로 대류권, 성층권, 중간권, 열권입니다.

우리가 생명 활동을 유지할 수 있는 것은 대기 덕분입니다. 일단 호흡할 수 있게 해주며, 우주에서 지구에 도착하는 전자기파 중 인체에 유해한 자외선, X선, 감마(γ)선의 대부분을 차단해 줍니다. 따라서 지표에는 가시광선과 파장이 비교적 짧은 적외선(근적외선) 그리고 전파의 일부만 닿습니다. 이처럼 '대기의 창'은 인류에게 자극이 덜한 전자기파만을 투과시키므로 우리가 지구에서 살 수 있는 기적이 일어난 것입니다.

화성에도 대기는 있지만 기압이 지구의 1% 이하입니다. 주성분은 이산화탄소라서, 우리는 숨 쉬며 살 수 없습니다.

표. 대기의 적층 구조

권	고도	특징
대류권*	0~10 km	우리가 경험하는 다양한 기상 현상은 대류권에서 일어난다. 대기 질량의 반 이상은 대류권에 존재한다.
성층권	10~50 km	오존(O_3, 산소 원자가 3개 결합한 분자)층이 있다. 인류에 유해한 자외선을 흡수한다.
중간권	50~80 km	성층권과 열권의 중간층.
열권	80~500 km	전리층이라고도 부르며, 오로라가 발생한다. 바깥쪽은 우주 공간이다.

* 적도와 극 부근에서는 대류권의 고도가 다르다. 적도 부근에서는 17 km, 극 부근에서는 9 km 정도밖에 되지 않는다.

대기는
4개의 층으로
나뉘어 있습니다.

온도가 제일 높은
'열권'. 수소 등의
원자가 태양의
자외선이나 X선을 흡수한다.
흡수한 에너지에 의해
2,000℃에 달하기도 하지만,
밀도는 낮다.

고도
500 km

유인 우주왕복선

오로라

100 km
카르만 라인
(Karman line)

80 km

공기가 있는 것은
'중간권'까지

유성

50 km

'성층권'의 오존 분자가
자외선을 흡수

기상 관측 기구

10 km

보이지 않지만
대기는 생명을
지키는 우산이랍니다.

여객기

에베레스트

열
권

중
간
권

성
층
권

대
류
권

23

7 지구의 궤도 위를 일주하는 인공위성

대기 바깥쪽에는 무엇이 있을까요? 앞서 살펴보았듯이, 그곳은 우주 공간입니다. 의외로 우주 공간은 인류가 쏘아 올린 인공위성이 활약하고 있는 장소입니다.

대표적인 인공위성 중 하나인 국제 우주 정거장(ISS: International Space Station)을 이용한 우주로의 여행은 1998년 11월에 시작되었습니다. 궤도 고도는 370 km, 초속 7.9 km의 속도로 지구 둘레를 돌고 있습니다. 대기권은 고도 500 km까지 뻗어 있으므로 완전히 대기권 밖을 날고 있는 것은 아닙니다. 그렇다 해도 '거의 대기권 밖'이라고 할 수 있습니다.

ISS는 국제 프로젝트로 미국, 러시아, 일본 등 다수의 나라가 참가해 우주 공간에서의 과학실험과 우주에 대한 연구를 추진하고 있습니다. 일본은 과학실험동棟인 '키보우(きぼう, 희망이라는 뜻-역주)'를 설치해 적극적으로 기여하고 있습니다.

그림. 국제 우주 정거장(ISS)의 완성 예상도 　　　　　　　(그림: NASA)

대기를 벗어나면 이제 우주! 인공위성의 세계입니다.

이들은 중력에 의해 떨어지지 않는 이유가 무엇일까요?

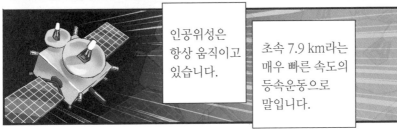

인공위성은 항상 움직이고 있습니다.

초속 7.9 km라는 매우 빠른 속도의 등속운동으로 말입니다.

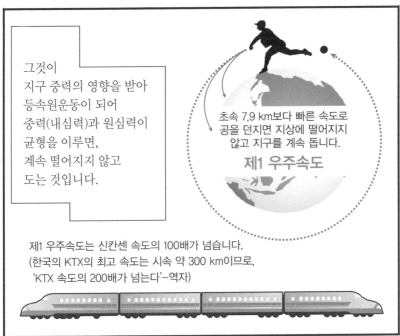

그것이 지구 중력의 영향을 받아 등속원운동이 되어 중력(내심력)과 원심력이 균형을 이루면, 계속 떨어지지 않고 도는 것입니다.

초속 7.9 km보다 빠른 속도로 공을 던지면 지상에 떨어지지 않고 지구를 계속 돕니다.

제1 우주속도

제1 우주속도는 신칸센 속도의 100배가 넘습니다.
(한국의 KTX의 최고 속도는 시속 약 300 km이므로,
'KTX 속도의 200배가 넘는다'-역자)

8 대기의 영향을 받지 않는 우주망원경

지구 둘레를 도는 인공위성은 ISS 외에도 통신위성이나 기상위성, GPS 위성, 스파이 위성 등이 알려져 있는데, 우주를 탐구할 때 빠져선 안 될 우주망원경도 대기권 밖에서 활약하고 있습니다. 그중에서 가장 두드러진 것이 허블우주망원경(HST, Hubble Space Telescope)입니다. 1929년 우주가 팽창한다는 사실을 발견한 미국의 천문학자 에드윈 허블(Edwin Powell Hubble, 1889~1953년)의 이름을 딴 망원경으로 1990년에 쏘아 올린 이래, 차례차례 인류의 우주관을 바꾼 훌륭한 연구 성과를 낸 우주망원경입니다.

HST는 고도 559 km의 저궤도에서 일주하고 있으며, 지구 둘레를 겨우 96~97분에 완주하면서 관측을 이어나가고 있습니다. 그 때문에 HST로 관측할 때는 몇 궤도수의 관측 시간이 걸렸는지가 기준이며, 5궤도수로 끝난 관측은 '5궤도수(orbit, 궤도)의 관측 제안'처럼 분류합니다. 지상의 천문대는 하룻밤이 단위지만, 우주망원경은 관측 시간의 단위까지 바뀌는 것입니다.

일본도 우주망원경 개발에 큰 기여를 하고 있는데, X선 망원경 '스자쿠(すざく, '주작'이라는 뜻-역주)', X선 태양망원경 '히노데(ひので, '일출'이라는 뜻-역주)' 그리고 적외선 망원경 '아카리(あかり, '밝은 빛'이라는 뜻-역주)'라는 3기의 우주망원경이 구미에서 운용하는 다른 우주망원경과 협력하면서 훌륭한 성과를 내고 있습니다. 그뿐만 아니라 '스자쿠'의 다음 주자로 X선 망원경 'ASTRO-H'를 2015년에 쏘아 올렸습니다. 일본 항공우주국(JAXA, Japan Aerospace eXploration Agency)이 중심이 되어 국제 협력으로 진행하는 프로젝트였습니다.

인류의
위업 중 하나인
'허블우주망원경'.
지상에서 대기에 가려
관측할 수 없던 천체들의
관측자료들을
우주 공간에서
모을 수 있습니다.

(사진: NASA)

현재 활약하고 있는 일본의 우주망원경

(그림: JAXA)

'스자쿠'는 X선으로
우주를 관측.

(그림: 이케시타 아키히로(池下章裕))

'히노데'는 X선,
자외선, 가시광선으로
태양을 관측.

(그림: JAXA)

'아카리'는
적외선으로
우주를 관측.

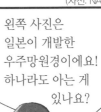

왼쪽 사진은
일본이 개발한
우주망원경이에요!
하나라도 아는 게
있나요?

멋쩌!

전부 알고 있음

27

9 우주에도 있는 쓰레기 문제

스페이스 데브리스(space debris)는 우주 쓰레기입니다. 우주에도 쓰레기 문제가 있냐며 의아해할지도 모르지만, 사실 상당히 심각한 상태입니다.

지금까지 인류는 다수의 인공위성을 쏘아 올렸습니다. 역할을 끝낸 인공위성도 많은데, 그중 일부는 남아서 지구 주변을 돌기도 합니다. 또한, 부서져 작은 파편이 된 것도 많습니다. 이것이 바로 우주 쓰레기입니다.

크기가 10 cm 이상인 쓰레기는 놀랍게도 1만 5천 개가 넘습니다. 이러한 것들이 운용 중인 인공위성이나 ISS에 부딪히면 위성이 손상됩니다. 또한, 크기가 1 cm 이하인 쓰레기는 더욱 많아서, 수백만 개 이상이라고 추정됩니다. 미국 우주감시네트워크 등의 기관이 감시하고 있지만, 모든 우주 쓰레기를 감시하기란 불가능한 이야기입니다. 지구 주위의 우주는 위험한 상태가 되어 가고 있습니다.

덧붙이자면, 일본의 기상위성으로 활약한 '히마와리 4호'(1989년부터 1995년까지 운용되었다)도 지금은 우주 쓰레기가 되었습니다. 우주 쓰레기끼리 충돌하면 파괴되면서 쓰레기가 늘어납니다. 우주 쓰레기 문제는 악화일로를 걷고 있어서, 일본 항공 우주국에서는 우주 쓰레기를 제거하는 프로젝트를 검토하고 있습니다.

제거 작업 원리는 다음과 같습니다: 작업 기계를 쓰레기와 나란히 달리게 해 쓰레기의 운동 상태를 조사합니다. 빙글빙글 회전할 경우는 포획이 까다로우므로 회전운동을 약하게 만듭니다. 그 뒤 작업 기계가 쓰레기를 안전하게 포획해 낮은 궤도 고도까지 끌고 옵니다. 그러면 쓰레기가 대기에 끌려 들어오면서 타버립니다.

이 그림에 흩어져 있는 점들은 뭘까요?

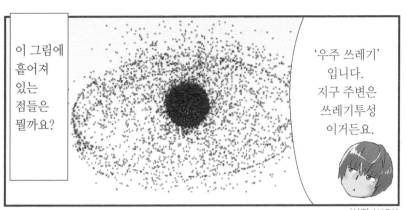

'우주 쓰레기' 입니다. 지구 주변은 쓰레기투성 이거든요.

(사진: NASA)

정답…. 저기…. 어쩌면 이 천문 동아리는…. 너한테는 지루할지도 모르겠네.

처음 만나는 우주

좋아 합니다.

저, 우주가 너무 좋아요! 우주 쓰레기 문제도 언제나 걱정하고 있다고요!

Step 1: 운동 계측

Step 2: 회전운동량 감소

Step 3: 선회, 접근

Step 4: 포획

Step 5: 테더(Tether, 전도성 와이어-역주)를 늘임

Step 6: 놓아 줌

이, 이건 JAXA의 쓰레기 제거 시스템!

혹시 자상한 아이 …?

자, 드릴게요!

(그림: JAXA)

29

10 유성은 하늘의 방랑자

지구에는 다양한 물질이 쏟아져 들어옵니다. 운석의 기원이 되는 천체는 암석 덩어리로, 지구 대기에 돌입하면 마찰열로 대부분 타버리는데, 완전히 타지 않고 지표에 도달한 것이 운석입니다.

이처럼 커다란 암석이 지구 대기로 돌입하면 마찰열로 인해 고온이 되어 밝게 빛나는데, 이것을 화구(fireball)라고 부릅니다. 국제천문연맹(IAU)에서는 **어떠한 행성보다 밝게 빛나는 유성**을 화구라고 정의했습니다. 행성 중 가장 밝게 보이는 것은 금성이므로 금성보다 밝게 보이는 유성은 화구이며, 1등성보다 수십 배 밝습니다. 하지만 화구처럼 보이는 유성은 드물며 대부분은 일반 유성입니다. 보통 유성은 태양계 공간을 떠돌고 있던 암석이 지구 대기에 돌입해 완전히 타버릴 때 보이는 것입니다. 대부분 눈 깜짝할 사이에 타버리고 지표로 떨어지는 일은 거의 없습니다.

밤하늘을 바라볼 때 가끔 보이는 유성은 **산재유성**(sporadic meteor)이라고 부르는 것입니다. 한편 **유성우**(meteoric shower)라고 부르는 현상이 있는데, 그중에는 1시간에 수십 개의 유성을 즐길 수 있는 것도 있습니다. 이 유성우의 기원은 사실 **혜성**(comet)입니다.

그림. 화구가 비행하는 모습

유성 중에서
가장 밝게
빛나는 것을
화구라고
합니다.

2013년 2월.
러시아에서
목격된 화구는
그대로 낙하.

즉, 운석이 되어
다수의 부상자를
냈습니다.

화구를
봤다는 게
정말이에요?

네!

근데 정말
화구라면

위험하니까
접근하면
안 돼요!

맞아요!
이렇게
무작정
뛰어가다니.
말도 안 돼!

11 유성은 혜성이 흩뿌린 우주먼지

혜성은 유성의 기원이 되는 우주먼지(dust)를 흩뿌리고 날아가 버립니다. 이 장소로 지구가 궤도 운동을 통해 가까이 접근하면 다수의 유성이 출현하는데, 그것이 유성우로 관측되는 것입니다. 이때 유성은 어떤 방향(복사점(radiant point, 한 점에서 방사상으로 튀어나오는 것처럼 보이는 점-역주)에서 사방팔방으로 퍼집니다. 그래서 복사점이 보이는 별자리 이름을 따서 유성우의 이름을 붙입니다. 예를 들어 오리온자리 유성우의 기원은 핼리혜성이 흩뿌린 우주먼지입니다. 한편 2013년 10월 용자리 유성우는 자코비니-지너(Giacobini-Zinner)혜성의 먼지에서 왔으므로, '자코비니 유성우'라고 부르는 일도 많습니다.

1972년에는 최고의 조건이 갖춰져, 비가 내리듯 유성을 잔뜩 볼 수 있으리라 기대했습니다. 바로 유성우(meteor shower)라고 부르는 현상입니다. 1972년은 제가 고등학생일 때인데, 천문 소년이었던 저는 고등학교 천문동아리에 소속돼 있었습니다. 유성우를 보려고 천문부에 가입해 관측했지만, 아쉽게도 예상은 벗어나 1시간에 몇 개 정도밖에 볼 수 없었습니다.

혜성은 부서지기도 합니다. 특히, 태양에 상당히 가까운 궤도를 가진 경우는 태양에서 나오는 강렬한 복사와 중력의 영향으로 부서질 확률이 높습니다. 그 예로 아이손혜성(comet ISON)이 있습니다. 태양에 접근하면 밝아지기 때문에 오래간만에 육안으로 보는 대혜성이 되리라 기대했지만, 아쉽게도 혜성 본체는 뿔뿔이 흩어져 태양계 공간으로 흩뿌려지고 말았습니다. 여러분이 언젠가 볼 유성 중 하나가 아이손혜성의 잔해일지도 모릅니다. 단, 그 사실을 확인할 방법이 없다는 점이 아쉬울 뿐입니다.

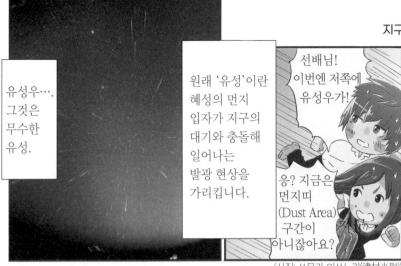

유성우…. 그것은 무수한 유성.

원래 '유성'이란 혜성의 먼지 입자가 지구의 대기와 충돌해 일어나는 발광 현상을 가리킵니다.

선배님! 이번엔 저쪽에 유성우가!

응? 지금은 먼지띠 (Dust Area) 구간이 아니잖아요?

(사진: 쓰무라 미쓰노리(津村光則))

유성은 혜성의 먼지.

이것이 유성우로 관측될 기회는 지구가 혜성의 먼지띠로 돌입한 순간뿐입니다.

혜성

먼지띠

태양

지구

(그림: 일본 국립천문대)

표. 주요 유성우

유성우의 명칭	출현 시기	극대기	1시간당 유성 수
사분의자리	1월 1일~1월 7일	1월 4일경	40
거문고자리	4월 15일~4월 25일	4월 22일경	10
물병자리 η	4월 25일~ 5월 17일	5월 6일경	5
염소자리 α	7월 3일~8월 15일	7월 29일경	적다
물병자리 δ	7월 12일~8월 19일	7월 27일경	5
페르세우스자리	7월 17일~8월 24일	8월 13일경	50
백조자리 χ	8월 3일~8월 25일	8월 20일경	적다
용자리 γ	10월 6일~10월 10일	10월 8일경	적다
오리온자리	10월 2일~10월 30일	10월 21일경	40
황소자리 남	10월 15일~11월 30일	11월 5일경	5
황소자리 북	10월 15일~11월 30일	11월 12일경	5
사자자리	11월 10일~11월 25일	11월 18일경	10
쌍둥이자리	12월 5일~12월 20일	12월 14일경	80
작은곰자리 β	12월 17일~12월 25일	12월 22일경	적다

(출처: 일본 국립천문대 홈페이지)

12 빗자루별이라고 불리는 혜성

혜성은 **빗자루별**이라고도 부르는데, 육안으로 보일 정도로 밝은 혜성에는 긴 꼬리 같은 구조가 붙어 있습니다. 혜성은 태양계 안에 있는 **소천체**가 태양의 중력에 끌려 지구나 태양에 접근할 때 밝게 보이는 것입니다. 대부분 그대로 사라져 가지만, 그중에는 **주기혜성**(periodic comet)이라고 부르는, 몇 년 간격으로 볼 수 있는 것도 있습니다. 가장 유명한 것은 76년 주기로 나타나는 **핼리혜성**(Halley's comet)입니다. 저는 1986년의 회귀 당시에 볼 수 있었습니다.

76년 주기이므로, 인생에서 볼 수 있는 기회는 1번밖에 없습니다. 덧붙이자면 미국의 작가 마크 트웨인(Mark Twain, 《톰 소여의 모험》, 《허클베리 핀의 모험》, 《왕자와 거지》 등의 대표작으로 유명한 소설가-역주)은 핼리혜성이 회귀한 1835년에 태어나 다음 회귀 연도인 1910년에 사망했습니다. 이런 사람은 안타깝게도 볼 기회가 없습니다.

혜성의 정체는 얼음과 암석 덩어리인데, **핵**이라고 부릅니다. 크기는 수 킬로미터 정도입니다. 태양에 가까워지면 태양풍이나 태양에서 나오는 복사광에 의해 휘발성 물질이 녹아서 가스가 되어 흘러나옵니다. 이 가스에 끌려가듯 표면의 먼지 입자가 벗겨지는데, 이것이 혜성의 꼬리가 됩니다. 가스는 전리하고 있으므로 **이온**으로 이루어져 있습니다.

꼬리가 보이기 때문에 혜성이 매우 빠른 속도로 밤하늘을 가로지르는 것은 아닐까 생각할지도 모릅니다. 그러나 육안으로 볼 수 있는 혜성까지의 거리는 금성까지의 거리와 비슷합니다. 따라서 실제로는 다른 별과 마찬가지로 **일주운동**을 하는 것처럼 관측됩니다.

보세요! 이번엔 빗자루별이에요! 뭔가 터무니없는 일이 일어나는 건 아닐까요?

'빗자루별'이란 혜성을 말합니다.

(사진: R.H.McNaught, Siding Spring Observatory)

혜성의 특징은 부서지기 쉽다는 것입니다.

태양풍에 휩쓸리기만 해도 가스나 먼지가 뿜어져 나오는데, 이것이 바로 혜성의 꼬리로 보이는 것입니다.

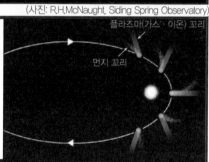

플라즈마(가스·이온) 꼬리

먼지 꼬리

일단 조금 전에 본 화구를 확인해 보죠!

이 주변에 무언가 떨어진 것 같은데….

여어어어어어어어!

뚝게

뚝게

뚝게

난 몽이야. 하마터면 우주 쓰레기가 될 뻔했지만 보다시피 무사합니다.

어? 화구가 아니었나.

태고의 실험동물? 우주인일까요?

Column ❶ 사라진 아이손혜성

2012년 9월 벨라루스의 비탈리 넵스키(Vitaly Nevsky)와 러시아의 아르티옴 노비쵸노크(Artyom Novichonok)는 게자리 방향에서 한 개의 혜성을 발견했습니다. 혜성의 이름은 보통 발견자의 이름을 붙이지만(3명까지), 이 혜성은 아이손혜성(ISON comet)이라는 이름이 붙었습니다. 발견에 사용한 망원경이 국제과학광학네트워크(International Scientific Optical Network)의 소유였기 때문입니다.

이후 관측에서 아이손혜성이 태양에 대접근하는 궤도를 지니고 있다는 사실이 밝혀지자 갑자기 주목을 받았습니다. 육안으로 볼 수 있는 대혜성이 되는 건 아닐까 기대했기 때문입니다. 그러나 안타깝게도 태양에 접근했을 때 산산이 부서져 버려 예상했던 대혜성은 되지 못했습니다. 천체 현상 예측이 매우 어렵다는 사실을 뼈저리게 느꼈습니다.

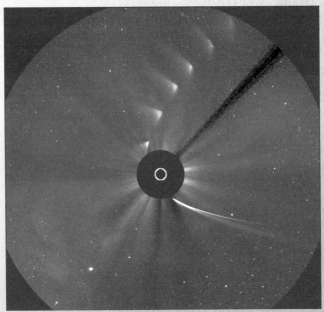

그림 태양에 대접근한 뒤 뿔뿔이 흩어진 아이손혜성의 궤적

(사진: SOHO/LASCO)

달과 태양

The Moon and the Sun

어린 시절, 낮에는 태양, 밤에는 달이 보이는 것이
이상하다고 생각한 적 없나요?
이제는 생활의 일부가 된, 태양과 달을 생각해 봅시다.

1 친밀하게 지내 온 우리

태양과 달만큼 지구와 친숙한 천체는 없습니다. 생활의 일부가 된 천체라고 해도 과언이 아닙니다.

　일본의 오래된 소설 《타케토리 이야기》(竹取物語, 일본의 가장 오래된 소설로 나무꾼 노인인 타케토리에게 발견된 카구야히메가 5명의 귀공자와 덴노의 구혼을 물리치고 달세계로 돌아간다는 이야기-역주), '달에 사는 토끼 이야기', '달구경' 등 달에 관한 이야기는 많습니다. 중국에서 전래했지만, '중추명월(仲秋明月, 음력 팔월 보름의 밝은 달-역주)'이나 '십오야(十五夜, 음력 보름날 밤. 특히 음력 8월의 보름을 이른다-역주)'라는 말은 우리에게 친숙합니다.

　일본의 달 탐사 위성 '카구야(かぐや, 카구야히메에서 따온 이름. JAXA가 2007년 쏘아 올린 달 탐사선으로 달의 기원과 진화, 미래 이용가치 등을 조사했으며, 2009년 임무가 종료됐다-역주)' 덕분에 달의 상세한 지도를 완성할 수 있었습니다.

　달은 지구의 위성으로 약 27일에 걸쳐 지구 주위를 돕니다. 달까지의 거리는 약 38만 4,000 km지만, 타원궤도를 통과하기 때문에 가장 가까울 때는 약 36만 3,000 km, 가장 멀 때는 약 40만 5,000 km의 거리에 있습니다. 평균 지름은 3,474 km이므로 지구의 약 $\frac{1}{4}$ 크기입니다. 지구와 마찬가지로 적도 쪽으로 약간 눌려 있으므로 완전한 구체는 아닙니다.

　중세 시대까지 인간은 천체가 당연히 매끈한 구체라고 생각했습니다. 2차원이라면 원, 3차원이라면 구! 그것이 완전무결한 우주의 모습이라고 믿었습니다. 그러나 17세기 갈릴레오 갈릴레이가 4 cm 구경의 망원경으로 바라본 달에 산과 계곡이 있다고 밝혀내면서 완전무결한 우주라는 신앙이 무너졌습니다. 자연계인 우주에는 모두 회전하므로 완전무결한 구 형태는 존재하지 않습니다.

지구의 자전으로 '하루'가 생기고.

태양을 중심으로 한 공전에서 '일 년 (사계절)'이 생겼습니다.

달이 차고 이지러지는 주기는 약 4주이므로 그 변화를 '일주일'마다 파악할 수도 있습니다.

다시 인사할게요. 천문 동아리 부장인 2학년 유미입니다.

오늘은 우리의 생활 리듬과 중요한 관계가 있는 천체, 달과 태양에 대해 알아볼까요?

먼저 달부터.

우리 동아리도 부원이 두 명이나 늘었네요.

이쪽은 우주에서 온 몽이 님. 그리고….

바나나

그런 어처구니 없는 이야기엔 관심 없어요. 1학년 바비입니다.

2 태양 빛을 반사해
모습이 변하는 달

달의 질량은 7.3×10^{22} kg으로 지구의 $\frac{1}{100}$ 정도입니다. 지름이 지구의 $\frac{1}{4}$이라고 하면 부피는 $\left(\frac{1}{4}\right)^3 = \frac{1}{64}$ 입니다. 지구에 비해 평균 밀도가 60% 정도(3.3 g/cm³)이므로 질량은 $\frac{1}{100}$ 입니다. 즉, $\frac{1}{64} \times \frac{6}{10} ≒ \frac{1}{100}$ 이라는 뜻입니다.

달은 스스로 빛나지 않습니다. 만약 스스로 빛을 낸다면 달은 언제나 둥글게 보여야 합니다. 우리가 보고 있는 달빛은 태양 빛을 반사한 것일 뿐입니다. 그래서 오른쪽 그림에서 보듯 태양-달-지구의 위치에 따라 달의 모습이 바뀝니다. 덕분에 우리는 삭, 초승달, 하현달처럼 다양한 달의 표정을 즐길 수 있습니다.

더 일반적으로 말하면 달은 행성의 위성입니다. 태양계에는 지구를 포함해 8개의 행성이 있는데(73쪽 참조), 여기서 잠시 행성의 위성 크기를 비교해 보겠습니다. 오른쪽 그림 아래쪽을 보면 알 수 있듯, 달은 크기가 큰 부류의 위성입니다. 달과 비슷한 크기의 위성은 목성의 4대 위성인 이오(Io), 유로파(Europa), 가니메데(Ganymede), 칼리스토(Callisto) 그리고 토성의 위성인 타이탄(Titan)입니다. 해왕성의 위성인 트리톤(Triton)도 비교적 큰 위성입니다.

그런데 잘 생각해 보면 조금 이상합니다. 목성과 토성은 지구에 비해 10배나 큰 행성입니다. 또한, 해왕성의 크기는 지구의 4배입니다. 지구는 거대 행성의 위성과 비슷한 커다란 달을 위성으로 두고 있는 것입니다. 불가사의하게도 지구형 행성 중에서 지구만 큰 위성을 거느리고 있습니다.

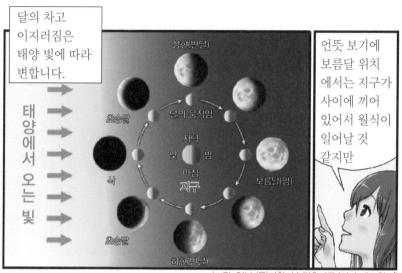

달의 차고 이지러짐은 태양 빛에 따라 변합니다.

언뜻 보기에 보름달 위치에서는 지구가 사이에 끼어 있어서 월식이 일어날 것 같지만

(그림: 일본 (독)과학기술진흥기구 '이과 네트워크')

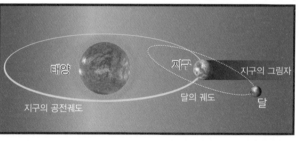

달의 궤도가 지구의 공전면에서 약간 어긋나 있으므로 보름달은 지구 그림자에 가리지 않습니다.

태양계의 주요 위성과 지구와의 크기 비교

달은 지구의 크기에 비해 매우 큰 위성입니다.

(그림: NASA)

41

3 상처투성이의 달 표면

달 표면에는 검게 보이는 부분이 있는데, 이를 **달의 바다**라고 부릅니다. 이 부분은 당연히 진짜 바다가 아니라 용암이 흐른 자국입니다. 동양에서는 옛날부터 이 모양이 토끼처럼 보인다고 했습니다. 달 표면에서 가장 눈에 띄는 구조는 ~~분화구~~(crater)입니다. 분화구는 혜성이나 소행성이 충돌해 생긴 것으로 크기가 다양합니다. 가장 큰 것은 지름 500 km 이상으로, 서울에서 부산까지의 땅이 쏙 들어가고도 100 km 넘게 남을 정도입니다(원문은 '도쿄에서 오사카까지 쏙 들어갈 정도'이지만, 현지화했다-역주).

1609년 갈릴레오 갈릴레이가 망원경으로 관측하기 전까지 달은 완전한 구형 천체라는 믿음이 있었습니다. 그래서 갈릴레오는 달 표면에 보이는 수많은 산과 계곡을 발견하고 큰 충격을 받았습니다. 운석의 충돌로 뚫린 분화구가 마치 컵처럼 보였기 때문에 갈릴레오는 라틴어로 컵을 의미하는 말인 '크레이터'라고 이름 붙였습니다.

분화구를 망원경으로 관찰하려면 보름달이 아니라 초승달~하현달(반달)일 때를 추천합니다. 이 시기는 태양 빛이 바로 옆으로 닿아 음영이 잘 생기기 때문입니다. 이 음영 덕분에 'X'자 같은 모양이 보이기도 합니다.

그림. 달탐사기 '카구야'가
촬영한 달 표면 모습
(사진: JAXA / SELENE)

달 표면에는 '분화구'가 보입니다.

그리고 전체적으로 다른 부분 보다 어둡게 보이는 토끼 모양….

그곳을 '달의 바다' 라고 부릅니다.
(물은 존재하지 않는다 - 역주)

(사진: NASA)

분화구의 원인은 소행성 등의 충돌입니다.

내부에서 용암이 흘러나옴.

충돌 후 만들어진 달 표면의 저지대에 용암이 고여 평탄해진 장소가 달의 바다입니다.

옛날, 달의 바다에는 실제로 물이 있지 않았을까 기대하기도 했습니다. 하지만 물도 없었고 떡방아를 찧는 토끼도 상상에 지나지 않았죠.

그래도 먼 옛날에 일어난 일을 더 정확하게 상상하면서 관측할 수 있게 됐잖아요. 그거야말로 상상력을 더 자극하지 않나요?

43

4   달의 내부

달 안쪽은 어떻게 되어 있을까요? 달도 지구와 마찬가지로 지각으로 덮여 있습니다. 내부는 맨틀이며, 핵은 있다고 해도 작을 것이라고 여겨집니다 (반지름 450 km 이하).

그 이유는 밀도입니다. 달의 밀도는 3.3 g/cm^3으로 지구(5.5 g/cm^3)보다 조금 작습니다. 무거운 원소인 철이 지구보다 적기 때문입니다. 철은 무거우므로 지구에서는 중심부인 핵에 많이 모여 있는데, 달에는 철로 이루어진 핵이 발달하지 않았으리라 여겨집니다.

또한, 달은 지구에 비해 칼륨이나 나트륨 같은 물질이 적다고 알려져 있습니다. 이 원소는 휘발성이라 달이 고온으로 흐물흐물했던 시대가 있었던 것은 아닌지 추측하고 있습니다. 실제로 물도 거의 없습니다.

달 표면에서 느끼는 중력의 세기는 우리가 지구에서 느끼는 중력의 $\frac{1}{6}$입니다. 따라서 우리는 월면을 퐁퐁 뛰며 이동할 수 있습니다. 약한 중력은 달이 대량의 대기를 생성하는 것을 허락하지 않았습니다. 따라서 지구와 달은 큰 차이가 없는 듯 보이지만, 미세한 차이가 두 천체의 상태를 크게 바꿔 놓았습니다.

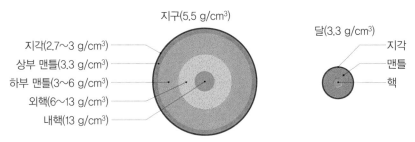

그림. 지구와 달의 내부 구조 비교

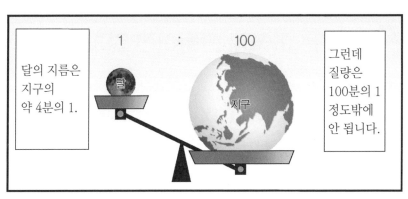

달의 지름은
지구의
약 4분의 1.

그런데
질량은
100분의 1
정도밖에
안 됩니다.

무거운 원소가
적어서 내부
밀도가 낮기
때문이에요.

흐음 흐음

그리고 질량이
낮으면 중력도
낮아진다는
얘기죠.

흐음 흐음

그래서
월면에서는
몸이 가볍고
대기도
엷습니다.

질량의 차이….
그것이 지구와 달을
완전히 다른
환경으로 바꿔
놓았습니다.

전 또 한 걸음
우주의 맨 끝에
접근했다는
느낌이 듭니다.

후훗~

5 달은 어떻게 만들어진 걸까?

왜 지구에는 달이라는 위성이 있을까요? 어린 시절 읽었던 과학 잡지에는 여러 가지 학설이 나와 있었습니다. 급기야 태평양의 일부분이 떨어져 달이 되었다는 설까지 있었습니다. 가능성만 놓고 보면 다음 세 가지 학설을 살펴볼 수 있습니다.

① 원시 지구가 생성될 무렵, 지구 가까이에 달도 생겼다. 달은 지구의 중력에 이끌려 지구의 위성이 되었다(형제설).

② 원시 지구가 생성될 무렵, 달은 지구와는 독립적인 장소에 태어났다(태양까지의 거리가 다름). 그 후 달은 다른 천체의 중력의 영향을 받아 가끔 지구 근처로 왔으며, 이때 지구의 중력에 이끌렸다(포획설).

③ 원시 지구가 태어났을 무렵, 지구 일부가 원심력의 영향으로 분열해 달이 되었다(분열설).

셋 중 첫 번째와 두 번째 학설에 대해 어떤 생각이 드시나요? 그럴듯하면서도 아닌듯 하고……. 다시 말하면, 정말 판단하기 어렵다는 말밖에 할 수 없습니다. 그럼 세 번째 학설은 어떨까요? 일단 지구만 생성돼 있으면 가능한 이야기일 수 있습니다.

그러나 한 번 중력으로 엮인 천체를 원심력으로 분열시키려면 엄청난 회전 속도로 운동해야 합니다. 천체의 분열을 '픽션(fiction)'이라고 부르는데, 그만큼 천체 자체의 힘으로 분열하기 어렵다는 뜻입니다. 중성자별 중에 1초 동안 1,000번이라는 굉장히 빠른 회전 속도로 자전하는 것이 있지만, 그래도 분열하지는 않습니다. 이를 바탕으로 지구는 분열하지 않는다고 말할 수 있습니다.

달의 기원론에
대해 조사해
왔어요,
선배님.

뭔가
관심 영역이
있나 보네,
얘는.

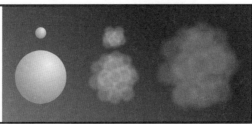

① **형제설**
독자적으로 태어난 지구와
달이 인력으로 짝이 됨.

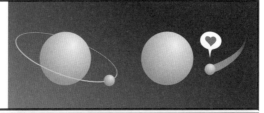

② **포획설**
다른 장소에서 태어난 달이
지구 근처로 와서 위성으
로 변화함.

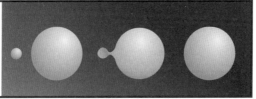

③ **분열설**
지구의 일부가 떨어져 나가
달이 됨.

에엥~? 그렇지만
이런 게 아니었던 것
같은데.

내가
본 거랑
다르다고.

응…?

그 이야기는
다음 페이지
에서.

설마
진짜
우주인?

6 큰 충돌로 설명되는 달의 기원

지구가 분열해 달이 생성됐다는 분열설은 19세기에 나왔으며, 제안자는 찰스 다윈의 아들인 조지 하워드 다윈(George Howard Darwin, 1845~1912년-역주)입니다. 사실 분열설이 유력한 가설로 여겨지던 시기도 있었지만, 현재는 대충돌(Gaint Impact)로 달이 생성되었다는 설이 받아들여지고 있습니다. 약 46억 년 전, 원시 지구가 태어났을 무렵에는 지구와 같은 궤도로 태양 주위를 도는 천체가 있었을 것입니다. 작은 것은 지구와 합체해 지구의 일부가 되었고 마지막에 지구 크기의 반 정도 되는(화성과 비슷한 정도) 천체가 충돌했습니다. 상당히 컸기 때문에 지구와 합체하지 못하고 지구 내부의 물질까지 흩어지게 했습니다. 그때 흩어진 물질이 응집해 달이 되었다는 학설입니다.

이 학설은 1946년 레지널드 데일리(Reginald Aldworth Daly, 1871~1957년. 미국의 지질학자-역주)가 제안했습니다. 그 후, 1975년에 윌리엄 하트만(William Hartmann)과 도널드 데이비스(Donald R. Davis)가 다시 제안해 인정받았습니다. 데일리가 제안했을 당시에는 아무 증거도 없었지만, NASA의 아폴로계획을 통해 달의 물질이 지구의 맨틀과 비슷하다는 사실을 알게 되자 대충돌설의 신빙성이 높아졌습니다.

실제로 달의 돌을 조사해 보면 가장 오래된 것은 약 45억 년으로, 지구의 나이(46억 년)와 매우 가까워 거의 동시기에 생성된 것임을 나타내고 있습니다. 물론 생성 시기가 가까울 뿐이라면 2장 5절에서 소개한 ①과 ③의 가능성도 기각할 수 없습니다. 하지만 지구의 맨틀과 성분이 같다는 조건이 더해지면서 대충돌설만이 조건을 충족할 수 있습니다.

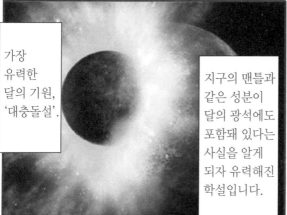

가장 유력한 달의 기원, '대충돌설'.

지구의 맨틀과 같은 성분이 달의 광석에도 포함돼 있다는 사실을 알게 되자 유력해진 학설입니다.

이거다! 내가 본 건 이거였어!

(그림: NASA)

원시 지구에 지구 크기의 반 정도 되는 천체가 ※오프셋 충돌.

오프셋 충돌이라 지구와는 합체하지 않고,

충돌로 생성된 잔해는 지구 주변을 돌기 시작.

※오프셋 충돌(offset crush): 정면충돌이 아니라 약간 빗나간 충돌을 말함.

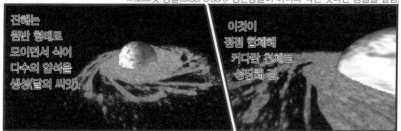

잔해는 원반 형태로 모이면서 식어 다수의 암석을 생성(달의 씨앗).

이것이 점점 합체해 커다란 천체로 성장해 감.

불과 한 달 만에 하나의 커다란 천체로 성장해 달이 완성됨.

저도 어젯밤 영화에서 봤어요!

봤다!

영화였나….

(그림: 일본 국립천문대 4차원 디지털 우주 프로젝트, 시각화 작업: 다케다 다카아키(武田隆顕), 시뮬레이 션: Robin M. Canup(Southwest Research Institute)(거대 충돌), 다케다 다카아키(달의 성장).

7   달이 항상 같은 면만 보여주는 이유

달을 바라보면 이상한 점이 느껴지지 않습니까? 초승달, 반달, 보름달처럼 달은 겉모습을 바꿔 우리를 즐겁게 해 주지만, 언제나 같은 면이 지구로 향하고 있습니다. 달도 거의 구형의 천체이므로 당연히 자전해야 합니다. 그런데도 늘 같은 면이 지구로 향하고 있는 것은 매우 이상한 일이라 할 수 있습니다.

달은 지구 주변을 약 27일에 걸쳐 돌고 있습니다. 즉, 공전주기가 27일이라는 뜻입니다. 그럼 달의 자전주기는 어떨까요? 놀랍게도 약 27일로, 달의 공전주기와 같습니다. 따라서 달은 언제나 같은 면을 우리에게 향하고 있는 것입니다. 이것은 우연일까요?

우연이라고 한다면 그야말로 신의 장난 같습니다만, 사실 완벽히 물리적인 이유 때문입니다. 정답은 지구가 달을 길들였기 때문이라는 의외의 사실입니다. 지구는 달보다 무거우므로 지구의 중력은 달을 지배할 수 있습니다. 대충돌 후, 달이 생성되었을 때, 당연하게도 달의 질량 분포는 치우쳐 있었습니다. 갑자기 완벽한 구형 천체로 생성되지 않았기 때문입니다. 물질의 밀도가 높은 부분이 있으면 그 영역의 질량도 커집니다. 그러면 그 부분에 받는 지구 중력의 영향이 가장 강해지므로 그 부분이 지구 방향으로 향하게 됩니다. 물론 눈 깜짝할 정도로 순식간에 일어나지 않고, 몇 번 정도 진동해 가면서 점점 같은 면을 보여 주는 것입니다.

이렇게 달은 언제나 같은 면을 지구로 향한 채로 지구 주변을 돌게 되었습니다.

달에는 아직 비밀이 있습니다. 그것은 밀도의 '치우침'

즉, 달의 무게중심은 그 중심에서 조금 어긋나 있습니다.

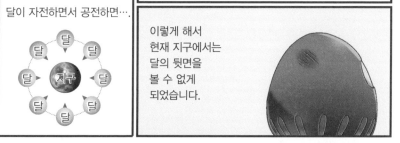

만약 달이 자전하지 않고 공전만 한다면….

달이 자전하면서 공전하면….

밀도가 높고 질량이 큰 부분일수록 지구 중력의 영향도 강함. ➡ 그 부분이 항상 지구 쪽을 향하게 됨. ➡ 달의 자전 속도는 점점 느리게 조정되어 감. ➡ 달의 자전주기와 공전주기가 거의 일치 하게 됨.

이렇게 해서 현재 지구에서는 달의 뒷면을 볼 수 없게 되었습니다.

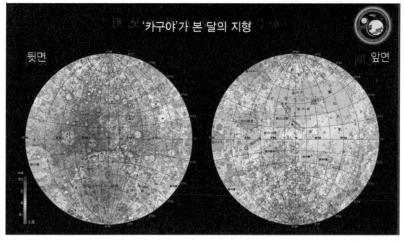

'카구야'가 본 달의 지형

뒷면

앞면

(그림: JAXA)

8 달의 대기와 그 바깥쪽에 있는 것

달에도 아주 약간의 대기가 있습니다. 그러나 총량은 지구 대기의 1조 분의 1 이하 밖에 안 됩니다. 대기의 주요 성분비는 네온(29%), 헬륨(26%), 수소(23%), 아르곤(21%)입니다. 아쉽게도 산소는 거의 없습니다. 미량의 대기 바깥쪽은 곧바로 우주 공간입니다. 그럼 달 바깥쪽에는 무엇이 있을까요?

사실 달 바깥쪽에서도 우주망원경이 활약하고 있습니다. 우주 마이크로파 배경복사(Chapter 8 참조)를 관측하는 위성 WMAP는 달의 바깥쪽에서 우주에서 다가오는 마이크로파(파장이 수 센티미터인 전파)를 관측하고 있습니다. 1장 8절에서 보았듯 허블우주망원경은 지구를 일주하는 궤도를 돌며 우주에 있는 천체를 관측하고 있습니다. 대기권 밖이므로 지구 대기의 영향을 받지 않고 관측할 수 있습니다. 대단한 일이긴 하지만, 귀찮은 문제가 하나 있습니다. 지구가 밝다는 사실입니다. 지구 외에도 밝은 천체가 또 있는데, 바로 태양입니다. 즉, 대기권 밖을 날고 있지만 늘 태양과 지구라는 밝은 천체를 피해 우주를 관측해야 합니다. 따라서 정밀한 관측이 필요할 때면 될 수 있는 한 지구의 일주 궤도를 사용하지 않는 것이 좋습니다. 더욱 멀리 가는 편이 좋다는 뜻입니다. 그럼 우주망원경을 안정적으로 운용할 수 있는 장소는 어디일까요?

1977년에 쏘아 올린 보이저 1호는 목성과 토성을 자세히 조사한 뒤, 태양계를 떠나 혼자 여행을 계속하고 있습니다. 태양계를 떠나면 태양이나 행성의 밝기에 방해받지 않고 관측할 수 있습니다. 그러나 그렇게 되려면 수십 년의 세월이 필요합니다.

인공위성이 향한 목적지는 지구의 일주 궤도만이 아닙니다.

달 저편에 있는 'WMAP'는 미약한 마이크로파에서 초기 우주 물질의 밀도를 진동으로 파악하려 합니다.

(그림: NASA)

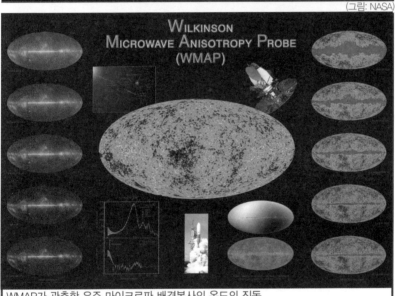

WILKINSON
MICROWAVE ANISOTROPY PROBE
(WMAP)

WMAP가 관측한 우주 마이크로파 배경복사의 온도의 진동.

(그림: NASA)

일주 궤도 위라면 태양이나 지구의 밝기, 그 자체가 방해되기도 합니다.

하지만 WMAP가 향한 'L2'라는 장소라면 일주 궤도가 아니라도 안정적으로 운용할 수 있다는 비밀이 있죠.

다음 페이지에서 계속.

9 라그랑주 점에서 관측할 때의 장점

태양계를 벗어나지 않아도 관측하기 좋은 장소가 있는데, 바로 **라그랑주 점**(Lagrangian point)입니다. 예를 들어, 태양과 지구라는 2개의 천체를 떠올려 봅시다. 공전 운동하는 두 천체의 중력과 원심력의 균형으로 역학적으로 안정적인 장소가 다섯 군데 생깁니다. 이 장소가 라그랑주 점이며, 실제로 중력과 원심력이 평형을 이루므로 그 장소에 계속 머무를 수 있습니다. 일주 궤도를 돌지도 않고 그냥 있으면 되니, 안정적으로 우주망원경을 운용할 수 있습니다. 천체역학적 지식을 잘 활용한 인류의 지혜입니다.

앞으로 L2 점을 향할 우주망원경은 허블우주망원경의 후속 위성인 **JWST**(제임스 웹 우주망원경(James Webb Space Telescope))와 일본 JAXA 중심으로 진행 중인 **SPICA**(대구경 적외선 우주망원경) 2개입니다. 덧붙이자면, SPICA는 Space Infrared Telescope for Cosmology and Astrophysics의 약자입니다. Cosmology(코스몰로지)는 우주론, Astrophysics(아스트로피직스)는 천체물리학을 뜻합니다.

JWST와 SPICA는 허블우주망원경과는 전혀 다른 우주망원경입니다. 가시광선이 아니라 지구 대기의 영향으로 관측이 어려운 파장이 긴 적외선*을 관측하는 것입니다. JWST는 가시광선에서 파장 30 ㎛까지의 중간 적외선 영역에서 우주를 관측하고, SPICA는 가시광선에서 파장 300 ㎛까지의 원적외선 영역에서 우주를 관측합니다. 두 우주망원경이 활약하게 되면 가시광선으로는 관측할 수 없던 별의 탄생 장소나 130억 광년 떨어진 은하의 성질을 손에 잡힐 듯 알 수 있을 것입니다.

---

* 적외선은 근적외선(파장 1~5 ㎛), 중간적외선(파장 5~30 ㎛), 원적외선(파장 30~300 ㎛)으로 나뉜다.

프랑스의
천문학자
라그랑주가
발견한
'라그랑주 점'

그곳은
인공위성을
안정적으로
운용할 수
있는 장소
입니다.

태양~지구계의 라그랑주 점

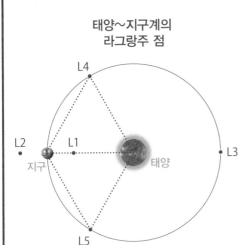

2개의 천체 사이에는
중력과 원심력이
평형을 이루어
역학적으로 안정된
점이 있습니다.
그것이 바로
라그랑주 점입니다.

태양~지구계의 라그랑주 점은
L1부터 L5의 5개소.
WMAP나 SPICA 등의
인공위성은 L2 점을 이용한다.
지구에서의 거리는 150만 km.

앞으로 L2 점으로 향할 예정인 우주망원경

SPICA의 완성 예상도
(그림: JAXA)

JWST의 완성 예상도
(그림: NASA/ESA)

10 태양계에서 유일한 별, 태양

태양은 우리와 가장 가까운 **항성**입니다. 지름은 139만 2,000 km가 넘고 지구보다 109배나 큰 천체입니다. 질량은 약 2×10^{30} kg으로 지구의 30만 배 이상입니다. 역시 태양입니다. 단, 밀도는 1.4 g/cm³로 지구 밀도의 $\frac{1}{4}$ 정도입니다. 지구는 암석으로 이루어졌지만, 태양의 주성분은 수소와 헬륨으로 이루어진 가스이기 때문입니다. 질량비로 말하면, 수소가 70%, 헬륨이 28%, 나머지 2%가 그 외의 원소입니다(탄소, 산소, 철 등). 원소 중에서 가장 가벼운 수소가 많으므로 밀도가 낮은 것입니다.

태양은 **별**(항성)이지만, 지구나 목성은 별이 아니라 **행성**으로 분류합니다. 그럼, 별의 정의는 무엇일까요? 간단히 정리하면 다음과 같습니다.

① 가스로 이루어진 거의 구형인 천체.

② 중심부에서는 열핵융합이 일어나며 스스로 에너지를 생성해 빛남.

③ 가스구球의 중력(별을 찌부러뜨리려고 하는)과 중심부의 압력(별이 찌부러지는 것을 막는)이 일치해 구형을 유지하고 있는 천체.

형태는 거의 구형이라고 표현했지만, 태양 역시 자전하고 있으므로 적도면 방향으로 약간 눌려 있습니다. 단, 편평률은 매우 작아서(0.01), 구형이라고 생각해도 무방할 정도입니다. 자전 속도가 느리기 때문입니다. 적도 부근의 자전 주기는 25일 9시간입니다. 태양 표면에는 다음 단락에서 소개할 흑점이 나타나는데, 처음 발견했을 때부터 약 2주가 지나면 보이지 않습니다. 바로 자전 때문입니다.

태양계에 있는 모든 물질…. 놀랍게도 그중 99% 이상이 한 장소에 모여 있습니다.

'태양'입니다.

태양은 열핵융합으로 에너지를 만들어 내는 거대한 가스구의 천체입니다.

(사진: NASA)

태양은 자신의 중력을 열핵융합의 에너지(압력)로 되밀어 안정적인 상태로 유지합니다.

확실히 목성의 질량이 10배 이상이었다면 태양처럼 '별'이 되었다던데요.

응? 그렇구나….

거대한 질량이 아니면 '별'로서 열핵융합을 일으킬 수 없습니다.

그 이야기는 잠시 후에….

11 흑점이 쌍으로 출현하는 이유?

태양은 가스 덩어리이므로 지구처럼 지각이 있을 리 없습니다. 그러나 표면은 확실히 있는데, 이를 광구(photosphere)라고 부릅니다. 그래서 태양은 둥글게 보입니다. 단, 육안으로 태양을 보면 눈이 상하게 되니 주의해야 합니다. 태양 표면은 매끈해서 아무것도 없다고 생각할지도 모르지만, 놀랍게도 다양한 구조로 이루어져 있습니다. 여러분은 한번쯤은 흑점이라고 들어본 적이 있을 겁니다.

전 고등학교 시절 천문 동아리에 소속해 있었는데, 맑은 날이면 점심시간에 흑점을 스케치하곤 했습니다. 흑점은 주변(6,000℃)과 비교해 온도가 2,000℃ 정도 낮아서 어둡게 보이는 장소입니다. 태양 내부에는 전리된 가스가 있어서 자기장이 생성되는데, 자력선 다발이 태양 표면으로 뚫고 나온 장소가 흑점입니다. 자력선의 압력으로 가스가 흘러나와 밀도가 떨어지면서 온도도 함께 떨어지기 때문에 어둡게 보이는 것입니다. 자기장에는 N극과 S극이 있으므로 흑점은 언제나 쌍으로 나타나는 성질이 있습니다.

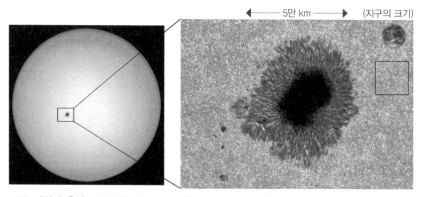

그림. **태양의 흑점.** 태양 관측 위성 '히노데'가 포착한 2014년 7월 26일 0시 50분 26초(세계시)의 태양의 흑점과 지구의 비교. 흑점이 지구보다 크다는 사실을 알 수 있다. (그림: 일본 국립천문대/JAXA/SOHO(ESA&NASA))

‘흑점’은 태양의 자기장이 밖으로 튀어나온 장소입니다.

자기장이므로 N극과 S극이 존재해 태양의 극 방향뿐 아니라 자전 방향에서도 출현합니다.

태양을 볼 때는 태양 안경을 쓸 것….

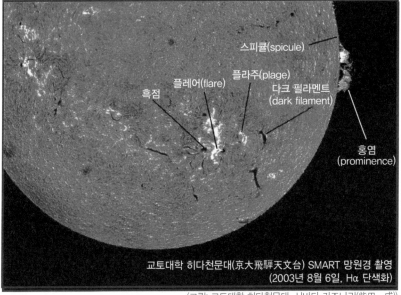

스피큘(spicule)

플레어(flare)

플라주(plage)

흑점

다크 필라멘트 (dark filament)

홍염 (prominence)

교토대학 히다천문대(京大飛驒天文台) SMART 망원경 촬영 (2003년 8월 6일, Hα 단색화)

(그림: 교토대학 히다천문대, 시바타 가즈나리(柴田一成))

특히 적도 부근의 흑점은 복잡한 움직임을 보이는데, 때때로 자극(磁極)이 반전합니다.

발생 원인은 어디까지나 태양의 자기장이므로 내부의 활동 상황에 따라 흑점 수는 증감합니다.

쓰긴 했는데, 왜 태양은 안 보이는 거지?

12 태양의 안쪽… 별은 왜 빛날까?

2-10에서 살펴본 별의 정의 중 **열핵융합**이란 무엇일까요? 태양의 중심 영역은 고온·고압의 원자로로 이루어져 있습니다. 태양과 같은 별의 중심부에는 다량의 **수소원자핵**(양성자(proton, 중성자와 함께 원자핵을 구성하는 입자이며, 양의 전하를 가지고 있다-역주))이 있는데, 이것을 **헬륨원자핵**(양성자 2개 + 중성자 2개)으로 변환하는 것이 열핵융합입니다.

별은 가스 덩어리지만, 매우 무거워서 자신의 중력에 의해 찌부러져 갑니다. 그러면 중심부로 가스가 많이 모여들어 대략 2,000억 기압이라는 엄청난 고압 상태가 되며, 가스분자의 격렬한 충돌로 인해 온도는 약 1,600만℃까지 올라갑니다. 이런 고압·고온 상태가 되면 열핵융합이 일어납니다. 고온·고압 상태에서는 원자핵이 **홑원소물질**(simple substance, 화학적으로 2종류 이상의 성분으로 분리할 수 없는 순수물질을 말한다-역주)로 존재하기보다 결합하는 쪽이 에너지가 낮아져 안정적이기 때문입니다. 자연계에 존재하는 모든 것은 에너지가 낮은 상태를 지향합니다.

태양 같은 표준적인 별의 내부에서는 4개의 수소원자핵이 1개의 헬륨원자핵으로 핵융합하고 있습니다. 이때 질량이 0.7% 감소하는데, 이 현상을 **질량 결손**(mass defect)이라 합니다. 아인슈타인의 **특수상대성이론**에서는 질량과 에너지의 값이 같으므로 감소한 질량에 상응하는 에너지가 방출됩니다. 그 결과, 중심부에서는 감마선이 방출돼 주변의 가스로 흡수됩니다. 그러면 가스의 온도는 더욱 올라가 열에너지로 인해 압력이 올라가므로, 별이 중력으로 찌부러지는 것을 방지합니다. 이 원리로 가스구인 별은 안정적으로 유지됩니다. 그야말로 자연계의 안정적인 핵융합 용광로입니다.

거대한
질량이 있으면, 중심부는
극히 고압 · 고온의
상태가 됩니다.
이런 환경 덕분에
수소가 헬륨으로 변하는
'열핵융합'이
일어나는 것이죠.

그리고 에너지를
생성하는 동시에
태양 빛의 근원이
되는 감마선도
방출합니다.

양성자–양성자 연쇄반응(p–p 체인, proton – proton chain reaction)

① 수소 원자핵인 양성자끼리 융합.

② 양전자와 중성미자를 방출하면서 중수소를 생성함.

③ 중수소에 양성자가 융합하면 감마선(γ)을 방출해 가벼운 헬륨 3 (양성자 2, 중성자 1)가 됨.

④ 헬륨 3이 융합해, 양성자 2개를 방출해 헬륨 4 (양성자 2, 중성자 2)가 됨.

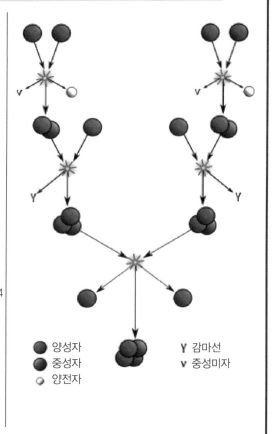

● 양성자
● 중성자
○ 양전자

γ 감마선
v 중성미자

13 태양의 내부 구조

태양의 내부는 어떻게 이루어져 있을까요?

태양을 반으로 자르면 열핵융합이 발생하는 중심핵(코어)은 반지름의 3분의 1 이내의 영역에 있습니다. 앞 단락에서 이야기했듯 핵의 온도는 1,500만℃가 넘기 때문에 수소원자핵에서 헬륨원자핵으로 바뀌는 열핵융합이 일어납니다. 핵에 처음부터 존재하던 모든 수소원자핵을 헬륨원자핵으로 열핵융합하는 데 100억 년이 걸립니다. 태양의 나이는 약 46억 년이므로 앞으로 50억 년은 순조롭게 열핵융합이 지속돼 태양은 계속 빛날 것입니다.

핵 주변에는 복사층(radiation zone)이라고 부르는 영역이 펴져 있습니다. 핵에서 발생한 열은 복사를 통해 바깥쪽으로 이동합니다. 구체적으로 말하면 열핵융합으로 생성된 대량의 감마선이 복사층에 존재하는 물질과 충돌하면서 바깥쪽으로 퍼져나가는 것입니다.

반지름 50만 km 밖에서는 복사가 아니라 대류를 통해 열이 바깥쪽으로 이동합니다. 반지름이 이 정도 되면 물리적인 조건으로 인해 대류가 일어나기 쉽습니다. 실제로 복사와 비교해 대류가 열의 이동 효율이 높은데, 이곳이 대류층(convection zone)이라고 부르는 영역입니다. 주전자로 물을 끓일 때 아래쪽의 데워진 물이 위로 이동하는 것과 같은 현상이 대류입니다.

이처럼 태양의 핵에서 생성된 열은 복사나 대류를 통해 별의 표면으로 전해집니다. 하지만 그 사이에 열을 잃기 때문에 태양 표면의 온도는 핵 온도보다 현격히 낮아집니다. 그래도 태양 표면의 온도는 약 6,000℃가 넘습니다. 덧붙이자면 태양의 50배 질량의 별은 표면 온도가 더욱 높아서, 약 3만℃나 됩니다.

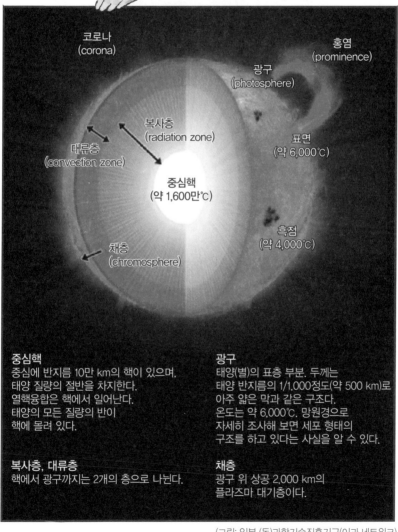

중심핵
중심에 반지름 10만 km의 핵이 있으며,
태양 질량의 절반을 차지한다.
열핵융합은 핵에서 일어난다.
태양의 모든 질량의 반이
핵에 몰려 있다.

복사층, 대류층
핵에서 광구까지는 2개의 층으로 나뉜다.

광구
태양(별)의 표층 부분. 두께는
태양 반지름의 1/1,000정도(약 500 km)로
아주 얇은 막과 같은 구조다.
온도는 약 6,000℃. 망원경으로
자세히 조사해 보면 세포 형태의
구조를 하고 있다는 사실을 알 수 있다.

채층
광구 위 상공 2,000 km의
플라즈마 대기층이다.

(그림: 일본 (독)과학기술진흥기구(이과 네트워크)

14 태양 바깥쪽의 격렬한 현상

우리는 태양의 은혜를 받아 살아가고 있지만, 태양이 반드시 안정적인 별
은 아닙니다. 그 이유는 태양의 표면이나 그 바깥쪽을 보면 알 수 있습니다.

태양 표면에서는 빈번한 폭발 현상이 일어나고 있는데, 플레어나 홍염
이 그 증거입니다. 이 폭발 현상은 자기장이 일으킵니다. 자력선이 반대 방
향으로 흐르면 자력선을 다시 결합해 에너지가 낮은 상태로 옮겨가려 하
고, 이것을 **자기재결합**(magnetic reconnection)이라고 합니다. 그때 해방된
에너지가 플레어나 홍염이 됩니다.

또한, 태양 표면에서는 100~200만℃가 넘는 고온의 가스가 흘러나
오고 있는데, 이것을 **코로나**라고 부릅니다. 태양 표면의 평균 온도는
6,000℃인데 왜 100만℃의 코로나가 나올까요? 태양 표면의 자기장이 영
향을 미쳐 발생하는 것으로 알려져 있으며, 눈에 보이지 않는 작은 플레어
가 에너지를 공급하고 있다는 가설도 있습니다.

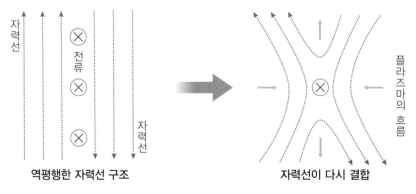

그림. **자기재결합의 원리.** 자기장의 방향이 역평행(antiparallel)이 되면 불안정해지므로 자력선이 다시 연
결되는 현상이 일어나는데, 이것을 자기재결합이라고 부른다. 자기재결합이 일어나면 자기장이 가지고 있던
여분의 에너지가 해방돼 폭발적인 현상이 발생한다.

태양의 표면 온도가 6,000℃인 것에 비해,

코로나의 온도는 100~200만℃나 됩니다.

코로나
채층 바깥쪽에 있는 200만℃의 플라즈마 대기층으로 태양풍※이 뿜어져 나온다.

홍염
태양의 대기에 있는 채층 일부가 자력선에 의해 코로나 속으로 돌출한 것이다.

플레어
태양에서 발생하는 폭발 현상. 위력은 수소폭탄 10만~1억 개와 맞먹는다고 한다. 때때로 충격파나 플라즈마 분출이 일어나 지구에 갑작스러운 자기 폭풍 (magnetic storm)을 일으킨다.

(사진: JAXA)

코로나는 왜 표면온도와 두 자릿수가 넘는 온도 차이가 나는 걸까요?

그건 아직 해명되지 않았어요.

가열하려면 어떤 에너지가 필요한데 말이죠.

저도 신경이 쓰여요.

※ 태양풍은 극히 고온에서 전리된 플라즈마 흐름을 말함.

15 항상 변하고 있는 태양

태양은 변함없이 우리에게 은혜의 에너지를 보내주고 있지만, 사실 항상 변화하고 있습니다. 태양의 모습은 흑점을 조사하면 알 수 있습니다. 흑점의 평균 개수는 일정하지 않으며, 11년 주기로 변화한다고 알려져 있습니다.

흑점 개수가 가장 많을 때가 태양 활동의 극대기(solar maximum)이며 거꾸로 가장 적을 때가 극소기(solar minimum)로, 이는 11년 주기로 되풀이됩니다. 단, 다음 주기에 흑점의 자성이 반전해(N극과 S극이 교체) 11년이 경과합니다. 그래서 전체적으로는 22년 주기로 변동한다고 할 수 있습니다. 왜 그런지는 아직 해명되지 않았습니다.

JAXA의 X선 태양 관측 위성 '요우코우(ようこう, 햇빛이라는 뜻-역주)'가 촬영한 태양의 변화를 보면 쏘아 올린 직후(1991년, 오른쪽 그림)에는 상당히 밝게 빛나지만, 1995년인 태양 활동의 극소기에는 확실히 어두워진 것을 알 수 있습니다. 평소 매일 똑같은 듯 보이는 태양이지만, 이렇게 활발히 변하고 있다는 사실이 놀랍습니다.

그런데 우리 인류는 태양의 진짜 모습을 알고 있을까요? 갈릴레오 갈릴레이가 망원경으로 태양을 관찰해 흑점을 처음 발견한 것이 1609년의 일입니다. 즉, 우리가 태양을 과학적으로 관찰한 시간이 고작 400년 정도뿐이라는 말입니다. 태양계가 태어난 것은 지금으로부터 약 46억 년 전의 일입니다. 그중 단 400년만 과학적인 관찰을 한 것입니다. 천체의 수명은 매우 길어서 400년은 한순간이라 할 수 있습니다. 이렇듯 천체의 변화를 정확히 관찰하기란 매우 어려운 일입니다.

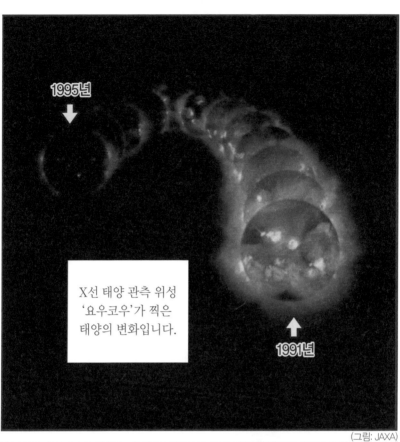

X선 태양 관측 위성 '요우코우'가 찍은 태양의 변화입니다.

(그림: JAXA)

이렇게나 변화하는 것도 어떤 의미로 보면 대단하네요.

태양은 매일 똑같은 듯 보이지만, 실은 시시각각 변화하고 있어요.

아직 모르는 것이 가득한 기분….

저도 신경 쓰이네요.

16 슈퍼 플레어가 일어나면 어떻게 될까?

흑점 주변에서는 플레어라고 부르는 폭발 현상이 빈번히 일어납니다. 다행히 인류의 존망에 영향을 미칠 만한 커다란 폭발 현상은 최근에 일어나지 않았습니다. 하지만 과거에도 그랬을까요?

태양처럼 표준적인 별을 몇 개 조사해 보면, 슈퍼 플레어라고 부르는 대폭발이 일어나도 이상하지 않다는 사실이 최근에 밝혀졌습니다. 슈퍼 플레어는 일반 플레어의 100배에서 1,000배가 넘는 규모의 대폭발입니다. 수천년에 한 번 정도 일어난다고 예상됩니다.

만약 이 슈퍼 플레어가 일어나면 큰일입니다. 강렬한 우주선(cosmic ray)은 우주망원경의 검출기를 모조리 파괴합니다. 방사선은 우주비행사의 생명을 위협합니다. 실제로 1859년 대플레어가 발생했을 때는 하와이에서도 오로라가 관측되었습니다.

결코 가볍게 생각하면 안 됩니다. 1989년 3월에 발생한 대플레어 때문에 캐나다의 퀘벡주에는 대정전이 일어났습니다. 이 플레어에 의한 경제적 손실은 1,000억 원에 달합니다.

만약 위에서 말한 플레어의 몇백 배가 넘는 규모의 슈퍼 플레어가 일어나면 지상의 모든 생물은 큰 영향을 받을 것입니다. 지금까지 여러 번 일어났던 생물의 멸종은 어쩌면 슈퍼 플레어 탓일지도 모릅니다.

그것이 언제 일어났을까? 답은 아무도 모릅니다. 대재해가 언제 어디서 일어날지는 아무도 예측할 수 없기 때문입니다.

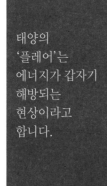

태양의
'플레어'는
에너지가 갑자기
해방되는
현상이라고
합니다.

홍염이 1만℃ 정도의 저온 플라즈마인 데 비해
플레어는 수천만℃의 초고온 플라즈마.

미니 버전인 마이크로 플레어도
지상에 존재하는
모든 핵병기가 한 번에
폭발했을 때보다
큰 에너지를
방출한다고….

자료

슈퍼 플레어의
규모는 마이크로
플레어의
1만 배에서
100만 배나
된다!

공룡은 왜 멸종되었을까?

'운석 충돌설'이 가장 유력.
운석의 충돌로 대량의 분진이 뿜어져
올라가 태양 빛을 차단해 멸종했다는
가설이 있다. 그 외에도 대홍수가 일어
났다 던가 전염병이 만연해 사멸했다는
가설이 있다. 태양에서 슈퍼 플레어가
일어나 지상의 동물이 멸종했을 가능성
도 있다.

17 태양과 지구의 운명

앞으로 지구에는 어떤 운명이 기다리고 있을까요? 지구의 운명을 쥐고 있는 것은 태양입니다. 태양 같은 별은 중심부에서 수소원자핵을 헬륨원자핵으로 열핵융합해 에너지를 공급합니다. 그러나 언젠가는 연료 고갈이 찾아옵니다.

중심부의 수소원자핵을 전부 헬륨원자핵으로 열핵융합해 버리면 태양의 상태는 돌변합니다. 중심부의 핵 주변에는 아직 수소원자핵이 남아 있으므로 핵 주변에서 열핵융합이 일어납니다. 그러면 그 압력으로 태양은 팽창하기 시작해 거성(giant star)이라고 부르는 단계로 들어갑니다.

그렇게 되면 큰일입니다. 태양 바깥층은 점점 부풀어 수성, 금성 그리고 지구를 삼켜 나갑니다. 지구가 태양에 삼켜져 종말을 맞이하는 것입니다. 단, 종말이 일어나는 것은 50억 년이나 뒤의 일입니다. 하지만 태양이나 지구가 영원히 존재할 수 없다는 사실만은 확실합니다. 모든 천체에는 제한된 수명이 있습니다.

태양의 수명은 대략 100억 년입니다. 현재 우주의 나이가 138억 년이므로 태양은 비교적 장수하는 별입니다. 태양의 50배 질량인 별의 수명은 겨우 수백만 년밖에 안 됩니다. 별의 중심 영역의 온도와 압력이 높아서 핵융합이 효율적으로 진행되기 때문입니다. 한편, 태양의 $\frac{1}{10}$의 질량인 별은 더욱 장수해서 수명이 1,000억 년입니다. 무거운 별일수록 열핵융합의 진행 속도가 빠르기 때문에, 별의 수명은 별의 질량으로 정해지는 것입니다.

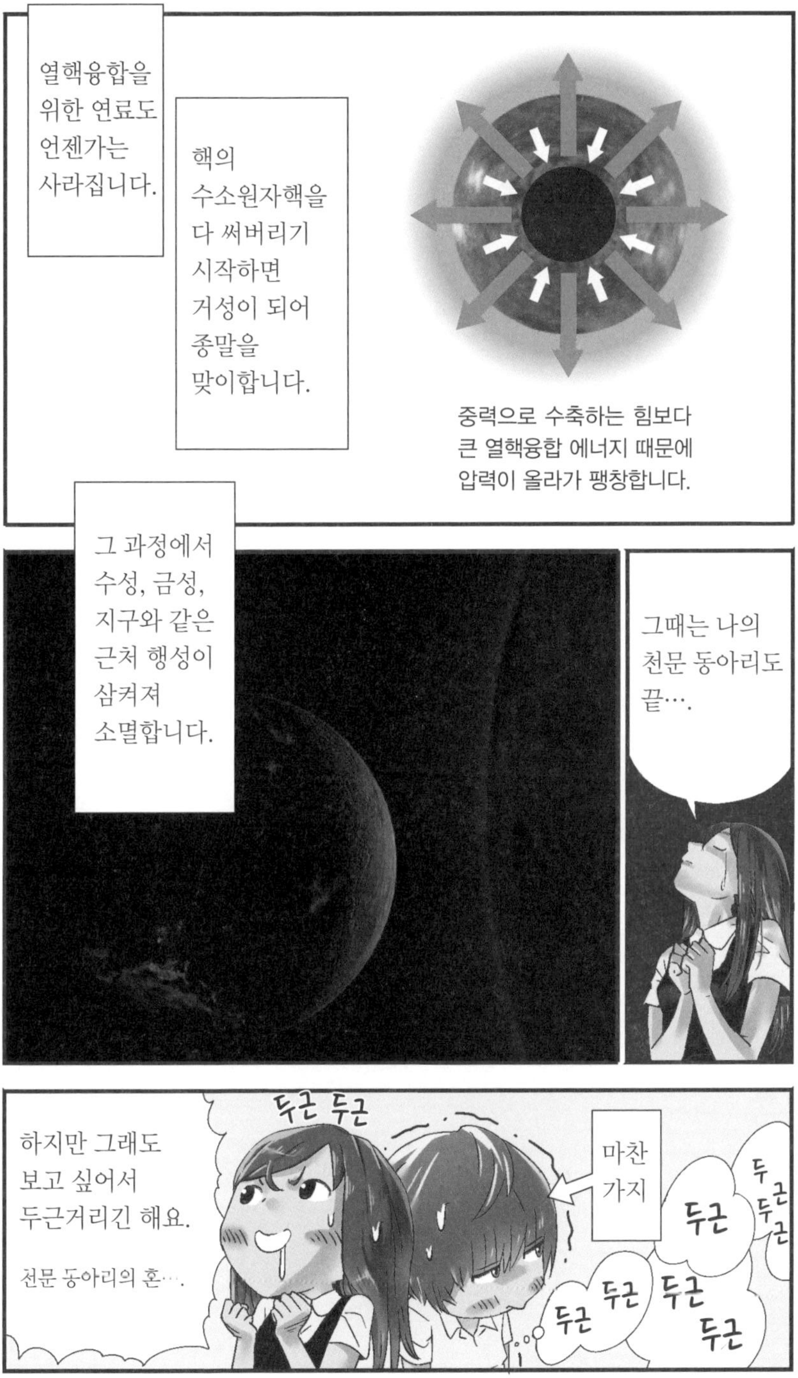

1

0

열핵융합을 위한 연료도 언젠가는 사라집니다.

핵의 수소원자핵을 다 써버리기 시작하면 거성이 되어 종말을 맞이합니다.

중력으로 수축하는 힘보다 큰 열핵융합 에너지 때문에 압력이 올라가 팽창합니다.

그 과정에서 수성, 금성, 지구와 같은 근처 행성이 삼켜져 소멸합니다.

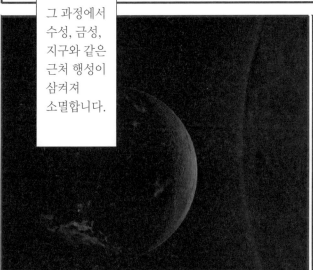

그때는 나의 천문 동아리도 끝….

하지만 그래도 보고 싶어서 두근거리긴 해요.
전문 동아리의 혼….

마찬가지

Column ❷ 천문단위

지구와 태양의 평균 거리를 1천문단위라고 합니다. 영어로는 astronomical unit 이며, 1천문단위는 1 AU로 표기합니다. 미터로 전환하면 다음 값이 됩니다.

$$1 \text{ AU} = 149{,}597{,}870{,}700 \text{ m}$$

이것은 2012년 8월 중국 베이징에서 개최된 국제천문학연맹 총회에서 결정한 수치입니다.

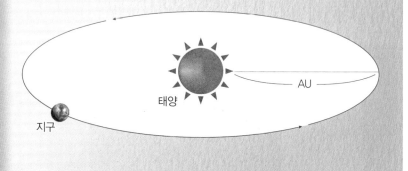

태양계의 천체

Celestial objects in the solar system

'붙박이별'이라는 뜻의 '항성'은 별을 가리키는 말입니다.
그럼 '움직이는 별'은 무엇일까요? 화성에서 보면 지구도 움직이는 별입니다.
태양계라는 행성의 세계를 알아봅시다.

1 태양계 행성의 배열

2장에서는 지구 바깥쪽에 있는 천체 중 영향력이 큰 달과 태양을 알아보았고, 지금부터는 태양계 전체의 이야기를 하려 합니다. 태양계에는 지구를 포함한 행성뿐 아니라, 다양한 천체가 모여 있습니다.

먼저 **행성**(planet)의 세계입니다. 제가 어렸을 때는 태양과 가까운 순서대로 수성, 금성, 지구, 화성, 목성, 토성, 천왕성, 해왕성, 명왕성이 존재한다고 하여 '수 금 지 화 목 토 천 해 명'이라고 외웠습니다. 그런데 지금은 '수 금 지 화 목 토 천 해'가 되어 버렸습니다. '명'은 어디로 가버린 걸까요?

명이 없어진 이유는 우주를 탐사하는 능력이 현격히 좋아졌기 때문입니다. 21세기가 되자 광학망원경의 성능이 비약적으로 좋아졌습니다. 그 덕분에 해왕성 바깥쪽에 명왕성급 천체가 여러 개 있다는 사실을 발견했는데, 이것을 **해왕성바깥천체**(Trans-Neptunian objects)라고 부릅니다. 원래 명왕성은 행성 중 가장 가볍고 작은 천체였습니다. 그래서 새롭게 발견되기 시작한 천체와 어떤 식으로 구별할 것인지 논란이 일었습니다. 대표적인 예가 '에리스(Eris)'라는 이름을 붙인 천체입니다. 2005년에 발견되어 '열 번째 행성'의 발견이라며 떠들썩했습니다. 궤도장반경(semimajor axis, 태양 주위를 도는 행성 등이 공전하면서 그리는 궤도의 절반-역주)은 68 AU(천문단위)이며, 명왕성 궤도에서 2배 정도 떨어진 거리에서 공전하고 있습니다. 궤도경사각(orbital inclination, 태양 공전면의 기준면으로부터의 기울기-역주)은 44도로, 지구와 같은 행성의 공전면과는 상당히 어긋난 궤도를 지니고 있습니다. 사실 명왕성의 궤도경사각도 17도로 큰 편으로, 다른 행성과는 분명히 구별되는 성질을 지니고 있었습니다.

태양　수성　금성　지구　화성　목성　토성　천왕성　해왕성

오늘은 태양계의
천체에 대해
알아볼까요?
먼저 '행성'이라고
부르는 천체는
이 8개입니다.

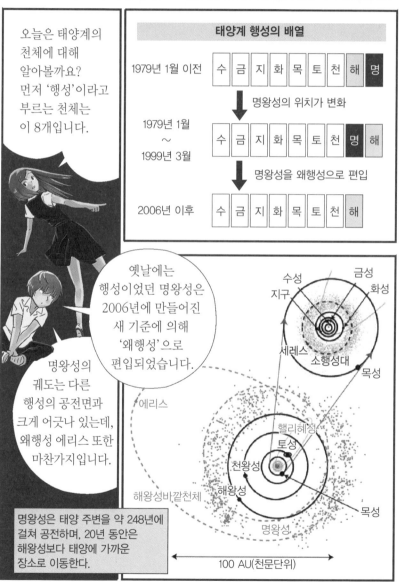

태양계 행성의 배열

1979년 1월 이전 ｜수｜금｜지｜화｜목｜토｜천｜해｜명｜

↓ 명왕성의 위치가 변화

1979년 1월
~
1999년 3월 ｜수｜금｜지｜화｜목｜토｜천｜명｜해｜

↓ 명왕성을 왜행성으로 편입

2006년 이후 ｜수｜금｜지｜화｜목｜토｜천｜해｜

옛날에는
행성이었던 명왕성은
2006년에 만들어진
새 기준에 의해
'왜행성'으로
편입되었습니다.

명왕성의
궤도는 다른
행성의 공전면과
크게 어긋나 있는데,
왜행성 에리스 또한
마찬가지입니다.

명왕성은 태양 주변을 약 248년에
걸쳐 공전하며, 20년 동안은
해왕성보다 태양에 가까운
장소로 이동한다.

수성　금성
지구　화성
세레스
소행성대
목성

에리스
핼리혜성
토성
천왕성
해왕성바깥천체　해왕성
목성
명왕성

100 AU(천문단위)

75

2 행성의 새로운 정의와 명왕성

앞절에서 언급했던 이유로 2006년 체코 프라하에서 국제천문연합 총회가 개최되었을 때, 행성의 정의를 의논하고 재검토하게 되었습니다. 행성의 새로운 정의는 아래와 같습니다.

① 태양 주변을 공전운동하고 있음.

② 자신의 질량으로 구형의 구조를 지님.

③ 자신의 공전궤도 주변에서 유일하고 강력한 천체임.

명왕성은 첫 번째와 두 번째 조건은 통과하지만 안타깝게도 세 번째 조건을 통과하지 못합니다. 자신의 궤도 주변에서 가장 질량이 큰 천체라면, 궤도 운동을 반복하는 동안 궤도 주변에 있는 소천체를 중력으로 끌어들여 흡수하거나, 튕겨버려서 궤도 주변에서는 유일한 천체가 되어야 합니다. 그것이 행성을 정의하는 주요 관점입니다.

해왕성 바깥쪽에는 명왕성뿐 아니라 에리스나 아직 발견되지 않는 소천체가 많습니다. 즉, '자신의 공전궤도 주변에서 유일하고 강력한 천체'라고 말할 수 없으므로, 명왕성은 행성으로서 인정받지 못하게 된 것 입니다. 대신, 명왕성과 같은 천체는 **왜행성**(dwarf planet)이라는 새로운 이름으로 부르게 되었습니다.

결국, 태양계에 있는 행성은 8개가 되었는데, 이것은 크게 두 종류로 나눌 수 있습니다. 하나는 **지구형행성**(Terrestrial planet)으로, 수성, 금성, 지구, 화성이 해당되고, 목성 이후로는 암석보다 얼음이 주성분이므로 **목성형행성**(Jovian planet)이라고 합니다. 목성형행성에는 대량의 가스에 뒤덮인 목성과 토성 그리고 거의 얼음뿐인 천왕성과 해왕성 등이 속해 있습니다.

(그림: NASA)

이름	적도 반지름(km)	부피(지구가 1)	질량(지구가 1)	밀도(g/cm³)	등급
태양	696000	1304000	332946	1.41	-26.75
수성	2440	0.056	0.05527	5.43	-2.4
금성	6052	0.857	0.8150	5.24	-4.7
지구	6378	1.000	1.0000	5.52	―
화성	3396	0.151	0.1074	3.93	-3.0
목성	71492	1321	317.83	1.33	-2.8
토성	60268	764	95.16	0.69	-0.5
천왕성	25559	63	14.54	1.27	5.3
해왕성	24764	58	17.15	1.64	7.8
달	1738	0.0203	0.0123	3.34	-12.6

새로운 '행성'의 정의는 공전, 구형….

그리고 궤도에서 유일하고 강력할 것.

명왕성은 자신의 중력으로 위성(카론 등)을 거느리고 있긴 하지만, 주변 천체를 깨끗이 정리할 수 있을 만큼 강하다고는 할 수 없죠.

행성 이라고 부르려면 그 정도의 중력, 즉 질량이 필요해요.

이런 숫자를 봐 봤자 졸리기만 할 뿐이야…. 토성이 물에 뜰 정도로 가벼운 건 행성답지 않아서 신기 하지만.

3 태양계는 어떻게 태어난 걸까?

태양은 태양계 전체의 99.86%의 질량을 짊어지고 있습니다. 태양계 최대 행성인 목성조차 질량은 겨우 태양의 $\frac{1}{1,000}$에 지나지 않습니다. 그러나 태양과 같은 별 주변에는 대개 행성이 있습니다. 실제로 최근에는 태양이 아닌 별 주변에서도 차례차례 행성이 발견되고 있습니다(외계행성(Extra-solar planet)이라고 부름). 그렇다면 왜 별은 행성을 거느리고 탄생한 것일까요? 지금부터 태양계의 생성 과정을 알아보겠습니다.

태양과 같은 별은 은하의 원반부에 있는 차갑고 밀도가 높은 분자가스 구름 안에서 태어납니다(106쪽 참조). 중심부에서 열핵융합이 일어나면 그 에너지로 빛나기 시작한 태양은 주변으로 강한 태양풍(solar wind)을 발생합니다.

태양 주위에는 태양을 구성하고 있는 먼지나 차가운 분자가스가 아직 대량 남아 있는데, 그 구름이 원반 형태로 퍼져 있다가 태양의 중력에 이끌리면서 공전운동을 이어갑니다. 이 원반은 태양에서 발생한 열복사로 데워지기 때문에, 설선(snow line, 메탄 등의 수소화합물이 응집해 기체에서 고체가 되기에 충분한 거리-역주)까지는 지구형행성이 형성되고 그 이후의 원반에서는 목성형행성이 형성됩니다.

우주먼지와 가스의 원반에서 밀도가 높은 부분이 생기면 그곳이 중심이 되어 주위의 우주먼지를 끌어당겨 미행성(planetesimal)으로 성장해 미행성끼리 충돌·합체하며 더욱 큰 행성으로 성장합니다. 분자가스의 양이 많으면 가스로 뒤덮인 거대한 행성이 됩니다.

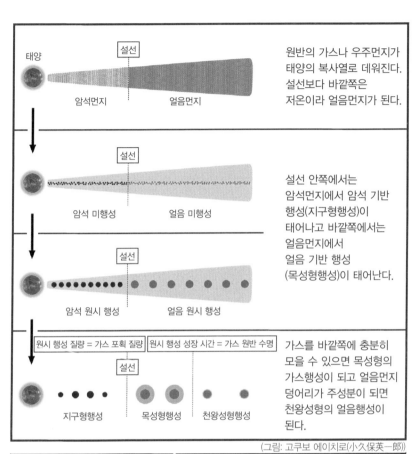

설선

태양

암석먼지   얼음먼지

원반의 가스나 우주먼지가
태양의 복사열로 데워진다.
설선보다 바깥쪽은
저온이라 얼음먼지가 된다.

설선

암석 미행성   얼음 미행성

설선 안쪽에서는
암석먼지에서 암석 기반
행성(지구형행성)이
태어나고 바깥쪽에서는
얼음먼지에서
얼음 기반 행성
(목성형행성)이 태어난다.

설선

암석 원시 행성   얼음 원시 행성

원시 행성 질량 = 가스 포획 질량 | 원시 행성 성장 시간 = 가스 원반 수명

설선

지구형행성   목성형행성   천왕성형행성

가스를 바깥쪽에 충분히
모을 수 있으면 목성형의
가스행성이 되고 얼음먼지
덩어리가 주성분이 되면
천왕성형의 얼음행성이
된다.

(그림: 고쿠보 에이치로(小久保英一郎))

왼쪽 페이지 같은
과정으로 태양이 태어나며,
그 중력에 묶인 천체 무리를
'태양계'라고 부릅니다.
태양계의 행성이 어떤
성분으로 이루어지는지는
'설선'이라고 부르는 선에
따라 달라집니다.

설선을 넘으면 물이나 메탄 등의
수소화합물이 응집해 고체가
되기 때문이죠.
즉, 지구형행성과
목성형행성을
나누는 경계가
바로 설선의
위치인 겁니다.

4 소행성 이야기

태양계에는 행성 외에도 **소행성**(asteroid)이라고 부르는 천체가 다수 존재합니다. 소행성은 주로 화성과 목성 사이에 많이 분포하는데, 화성에서 목성까지의 거리는 다른 이웃 행성끼리의 거리보다 멉니다. 그래서 원래는 행성이었지만 부서져 소행성이 되었다고 생각했던 시대가 있었습니다. 이런 생각을 뒷받침하는 법칙이 18세기에 알려졌기 때문입니다. 바로 **티티우스 보데의 법칙**(Titius-Bode law)입니다.

태양으로부터 행성까지의 거리를 d라 할 때 다음과 같은 식이 성립합니다(AU는 천문단위).

$$d = 0.4 + 0.3 \times 2^n (AU)$$

18세기까지 발견된 행성은 수성, 금성, 지구, 화성, 목성, 토성으로 6개입니다. 이 6개의 행성을 $n = -\infty$(무한대), 0, 1, 2, 4, 5로 할당하면 오른쪽 표와 같은 결과를 얻게 됩니다. 이 법칙으로 계산한 예상 수치는 확실히 실제 거리와 비슷합니다. 만약 $n = 3$이라고 하면 거리는 2.8 AU인데, 놀랍게도 소행성 중에서 가장 큰 세레스의 거리가 2.77 AU로 거의 일치합니다. 단, 궤도 요소가 확정된 소행성은 약 30만 개 정도뿐이라 발견되지 않은 작은 소행성을 전부 더한다고 해도 소행성 전체의 질량은 겨우 달의 15% 정도 밖에 안 됩니다.

소행성의 기원은 아직 정확히 밝혀지지 않았습니다. 성장을 계속해 온 암석군이 목성 중력의 영향으로 어지럽게 흩어져 소행성이 되었다는 가설이 있습니다. 소행성은 태양계 중에서도 지구와 가까운 천체지만, 그 기원조차 불확실하다는 점이 놀랍습니다.

표. 티티우스 보데의 법칙에 따른 예측

행성	n	실제 거리(AU)	법칙에 따른 거리(AU)
수성	−∞	0.39	0.4
금성	0	0.72	0.7
지구	1	1	1
화성	2	1.52	1.6
목성	4	5.2	5.2
토성	5	9.54	10

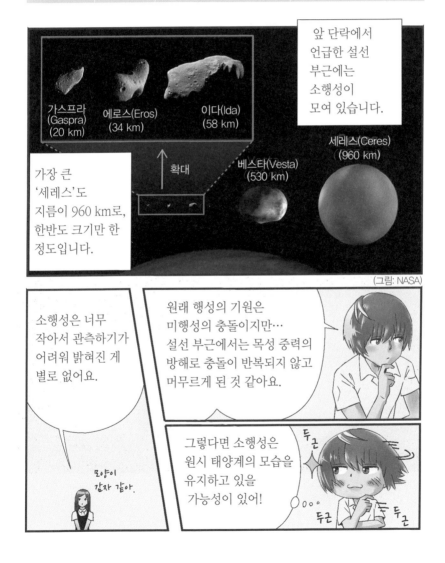

앞 단락에서 언급한 설선 부근에는 소행성이 모여 있습니다.

가스프라 (Gaspra) (20 km)
에로스(Eros) (34 km)
이다(Ida) (58 km)

↑ 확대

베스타(Vesta) (530 km)
세레스(Ceres) (960 km)

가장 큰 '세레스'도 지름이 960 km로, 한반도 크기만 한 정도입니다.

(그림: NASA)

소행성은 너무 작아서 관측하기가 어려워 밝혀진 게 별로 없어요.

원래 행성의 기원은 미행성의 충돌이지만… 설선 부근에서는 목성 중력의 방해로 충돌이 반복되지 않고 머무르게 된 것 같아요.

모양이 감자 같아.

그렇다면 소행성은 원시 태양계의 모습을 유지하고 있을 가능성이 있어!

두근

두근 두근

5 소행성 이토카와와 '하야부사' 탐사선

소행성이라고 하면, **이토카와***가 유명합니다. JAXA의 소행성 탐사기 '하야부사(はやぶさ, 매라는 뜻-역주)'가 이토카와의 암석을 채취해 2010년 지구로 무사귀환한 뉴스는 세계를 놀라게 했습니다. 달을 제외한 태양계의 천체에서 표본을 채취한 것은 처음이었기 때문입니다.

소행성은 태양계가 태어났을 때의 정보를 가지고 있으므로 이 표본으로 태양계 탄생 당시의 물질의 성질을 조사할 수 있습니다. 이토카와의 표본 분석은 현재도 진행 중이니, 즐거운 마음으로 결과를 기다리도록 합시다.

현재 JAXA는 하야부사의 후속 탐사선 **하야부사 2 계획**을 추진 중입니다. 이번 목표는 **1993JU3**이라는 이름의 소행성으로 지름은 900 km입니다. 이토카와와는 달리 구에 가까운 형태입니다. 유기물과 물을 많이 함유하고 있어서 태양계나 생명의 기원을 조사할 최적의 천체라고 합니다.

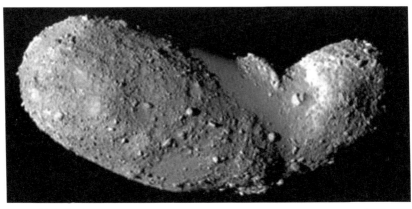

그림. 소행성 이토카와 　　　　　　　　　　　　　　　　　　　(사진: JAXA)

* 일본 로켓 개발의 아버지라고 불리는 이토카와 히데오(糸川英夫, 1912~1999년, 일본의 공학자로 전문 분야는 항공공학과 우주공학이다. 소형 발사체인 연필로켓(Pencil Rocket)의 개발자이다-역주)를 기념하기 위해 이름 붙인 소행성.

2010년 6월···.

약 7년 이라는 오랜 여행을 마친 '하야부사'가 귀환 했습니다.

(사진: 오니시 고지(大西浩二))

하야부사는 임무를 완벽히 마치고 돌아왔습니다!

7년이나 외톨이로 우주를 떠돈 모습을 상상하니 안타깝지만 두근거림이 멈추지 않아요!

하야부사가 세계 최초로 채취해온 소행성 물질은 원시 태양계의 모습을 보여줄지 몰라요. 분석 결과를 상상하기만 해도···. 저 역시 두근두근 거려요.

두근 두근

····

두근 두근

제가 더 낭만적이라고요!

6 왜행성이란 새로운 식구들

명왕성은 1930년 미국의 톰보(Clyde Tombaugh, 1906~1997년, 미국의 천문학자. 로웰천문대에 미지의 행성 X의 탐색을 담당하다 1930년 1월 명왕성을 발견했다. 이후 뉴멕시코주립대학 천문학 교수로 역임-역주)가 발견한 이래, 76년 동안 태양계의 아홉 번째 행성으로 친숙했지만 2006년에 왜행성으로 분류되었습니다.

사건의 발단은 1990년대에 들어와 **해왕성바깥천체**라고 부르는 천체가 발견되기 시작하면서부터입니다. 특히 2003년 미국의 팔로마천문대(Palomar Observatory)에서 발견한 '세드나(Sedna)'는 명왕성급 천체의 발견이라며 큰 화제가 되었습니다. 에리스와 마찬가지로 열 번째 행성이 될 것이라는 목소리가 높아질 정도였습니다.

그러나 지름은 995 km로 명왕성의 절반보다 작습니다. 궤도는 타원궤도로 태양에 가장 가까울 때의 거리가 76 AU(근일점거리), 가장 떨어졌을 때의 거리가 1011 AU(원일점거리)나 되며, 태양 주변을 1만 2691년 주기로 돌고 있습니다. 즉, 세드나의 1년은 1만 2691년이라는 뜻입니다. 결국, 열 번째 행성이 되지 못하고 명왕성과 마찬가지로 왜행성으로 분류되었습니다.

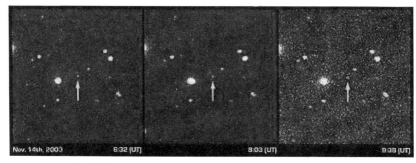

그림. **세드나의 발견 영상.** 아주 조금씩 이동하는 세드나의 모습(화살표 위)　　　(사진: NASA)

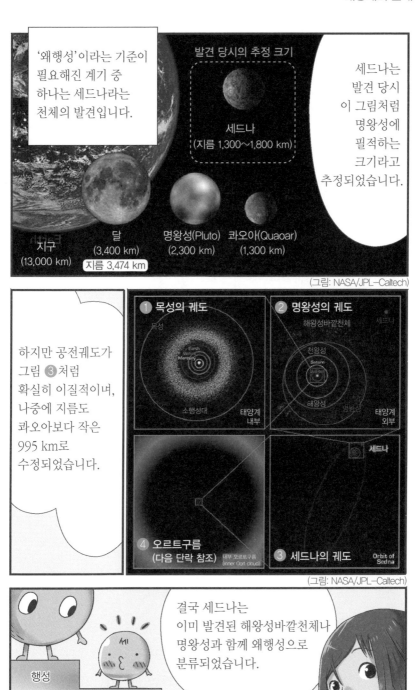

'왜행성'이라는 기준이 필요해진 계기 중 하나는 세드나라는 천체의 발견입니다.

발견 당시의 추정 크기

세드나
(지름 1,300~1,800 km)

세드나는 발견 당시 이 그림처럼 명왕성에 필적하는 크기라고 추정되었습니다.

지구
(13,000 km)
지름 3,474 km

달
(3,400 km)

명왕성(Pluto)
(2,300 km)

콰오아(Quaoar)
(1,300 km)

(그림: NASA/JPL-Caltech)

하지만 공전궤도가 그림 ❸처럼 확실히 이질적이며, 나중에 지름도 콰오아보다 작은 995 km로 수정되었습니다.

❶ 목성의 궤도

목성

Earth
Mercury

소행성대

태양계
내부

❷ 명왕성의 궤도

해왕성바깥천체

세드나

천왕성

Saturn

해왕성

명왕성

태양계
외부

❹ 오르트구름
(다음 단락 참조)
내부 오르트구름
(inner Oort cloud)

세드나

❸ 세드나의 궤도

Orbit of
Sedna

(그림: NASA/JPL-Caltech)

결국 세드나는 이미 발견된 해왕성바깥천체나 명왕성과 함께 왜행성으로 분류되었습니다.

행성

왜행성

7 태양계의 세계

세드나의 궤도를 보면 명왕성의 상당히 바깥쪽을 돌고 있고 원일점거리는 약 1,011 AU나 됩니다. 그러나 여전히 태양계 끝까지 닿지 않는데, 태양계의 끝을 오르트 구름(Oort cloud)이라고 합니다.

오르트 구름은 1만 AU에서 10만 AU 사이에 놓여 있습니다. 하지만 아직 그 존재가 확인되지는 않았습니다. 태양이나 지구로 가끔 접근해 오는 혜성에는 핼리혜성과 같은 주기혜성도 있지만, 대부분은 다시 나타나지 않는 혜성입니다. 대체 이 혜성은 어디에서 온 것일까요? 이 의문에 대한 답으로 얀 오르트(Jan Hendrik Oort, 1900~1992년, 은하계 자전을 확인했고 혜성의 궤도 분포를 연구해 유래를 밝히려 했다. 은하계의 성간 공간에서 빛의 흡수에 대한 연구로 유명하다. 네덜란드 전파천문학의 창시자이기도 하다-역주)가 1950년에 주장한 아이디어가 '오르트 구름'입니다.

오르트는 그곳에 물이나 메탄으로 이루어진 얼음 등이 산재해 있고, 혜성의 핵이 발생해 태양과 가까워진다고 생각했습니다. 만약 오르트 구름 가까이 명왕성 같은 왜행성이 있다고 해도 너무 어두워 관측할 수 없으므로, 당분간은 가상적인 존재로 여길 수밖에 없습니다. 단, 한 가지 흥미로운 예측이 있습니다. 글리제 710(Gliese 710)이라는 별이 150만 년 뒤 태양과 매우 가까워진다는 것입니다. 약 1광년(10만 AU) 거리까지 접근하기 때문에 오르트 구름에 어떤 역학적인 영향을 미칠 것으로 기대되며, 글리제 710이 접근하고 나서 몇만 년 뒤에는 다수의 혜성이 출현할지도 모릅니다. 그러나 그 사실을 확인하기까지는 상당히 먼 훗날의 이야기입니다. 인류는 과연 150만 년 뒤에도 존재할까요? 적어도 지금 우리는 확인할 수가 없습니다.

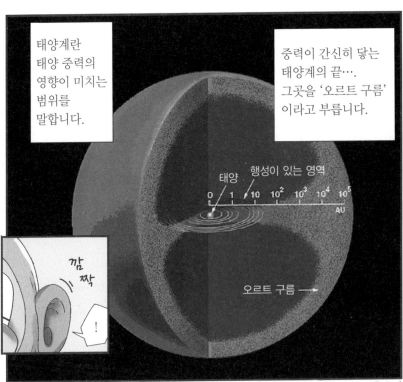

태양계란 태양 중력의 영향이 미치는 범위를 말합니다.

중력이 간신히 닿는 태양계의 끝….
그곳을 '오르트 구름'
이라고 부릅니다.

태양

행성이 있는 영역

오르트 구름 →

깜짝

!

(그림: The Electronic Universe Project)

끝?
'끝'이라고
말했나요?

오르트 구름에는
얼음이 산재해 있는데, 비주기혜성이
태어나는 장소로 알려져 있어요.
단, 관측할 수 없으므로
어디까지나 가상적인 존재입니다.

네.

에이, 뭐야. 우주의 맨 끝이
아니잖아…. 내가 알고 싶은
이야긴 아직인가 보네요.

8 태양계의 꼬리

2013년 태양계의 꼬리, **헬리오테일**(heliotail)이 처음 발견돼 화제를 모았습니다. 원래 태양계는 약 2억 년에 걸쳐 은하계의 중심 주변을 돌고 있으며, 그동안 다양한 **성간물질**(interstellar matter, 별과 별 사이에 존재하는 물질로, 분자가스, 원자가스, 우주먼지 등으로 이루어짐) 속을 통과합니다. 태양에서는 **태양풍**이라고 부르는 플라즈마(plasma, 기체가 초고온 상태로 가열되어 전자와 양전하를 가진 이온으로 분리된 상태-역주)가 흘러나오는데, 이것이 성간물질과 상호작용한다고 알려져 있습니다. 태양계가 성간물질보다 상대적으로 속도가 빨라지면 태양풍이 길게 뻗어 나오는데, 이것이 바로 헬리오테일입니다.

헬리오테일의 존재는 예상할 수 있지만 실제로 관측하기는 매우 어렵습니다. 태양계에서 조금 떨어진 곳에서 관측하면 보기 쉬울 테지만, 우리는 지금 태양계에 살고 있습니다. 그래서 태양계의 꼬리를 보기가 쉽지 않습니다. 하지만 NASA의 IBEX라고 부르는 성간 경계 탐사기가 태양풍이 성간물질과 상호작용해 생성된 중성원자의 분포를 조사해, 헬리오테일을 검출하는 데 성공했습니다. 자세한 형태는 아직 모르지만, 앞으로 관측을 통해 조금씩 해명될 예정입니다.

태양계 이외에도 별의 꼬리가 관측됩니다. 고래자리의 변광성(variable star, 시간에 따라 밝기가 변하는 별-역주)으로 유명한 '미라(Mira)'라는 이름의 별로, NASA의 자외선 관측 위성 GALEX가 꼬리 검출에 성공했습니다. 미라는 별의 크기가 주기적으로 커지거나 작아지며 변광하고 있습니다. 이러한 별을 **맥동변광성**(pulsating star)이라고 부릅니다.

■ 헬리오테일의 상상도
  (IBEX 위성 관측 결과를 근거로 함)

이번에 관측된 꼬리 부분

보이저 1호 탐사선

관측 방향

태양과
주변 행성

태양권(Heliosphere)

사실 태양계
전체도
약 2억 년의
시간에 걸쳐
은하 중심의
주변을 고속으로
돌고 있습니다.

이때 별(태양)은
성간가스와
상호작용해
꼬리를 생성한다고
여겨지는데,

태양계와 함께
움직이는 우리가
전체 모습을
관측하기란
매우 어려운
일입니다.

(그림: NASA)

■ 미라별에서 관측된 별의 꼬리

꼬리의 길이는 13광년으로, 태양계와 가장 가까운
별(프록시마 켄타우리)과의 거리인 약 4.2광년의 3배에 달한다.

(사진: NASA/GALEX)

Column ❸ 광년과 파섹

우리는 길이의 단위로 cm, m, km 등을 사용합니다. 그러나 천체까지의 거리를 측정하는 단위로서는 적합하지 않습니다. 가장 가까운 별조차 거리가 약 40조 km나 되기 때문입니다. 이런 단위로는 먼 곳에 있는 은하와의 거리를 나타내기 어렵습니다. 이때 사용하는 것이 **광년**(light year)과 **파섹**(parsec)이라는 길이의 단위입니다.

1광년은 빛(전자파)이 1년 동안 이동하는 거리입니다. 빛은 초속 30만 km로 퍼지므로 1년 동안에는 약 9.46조 km나 갈 수 있습니다. 따라서 이 단위를 사용하면 가장 가까이 있는 별의 거리는 약 4광년으로 상당히 깔끔하게 표기할 수 있습니다.

한편, 파섹(pc)이라는 거리의 단위도 자주 사용합니다. 1pc는 3.26광년입니다. 이 단위는 태양 주변을 도는 지구의 공전운동을 이용해 정의한 거리입니다. 그림과 같이 지구가 A점에 있을 때와 그 반대쪽에 있을 때는 가까이 있는 별의 겉보기위치가 변합니다(더 먼 쪽의 천체는 거의 움직이지 않기 때문에 상대적인 위치 관계를 조사해 측정함). 이 겉보기위치의 변화 각도를 연주시차(annual parallax)라고 부릅니다. 연주시차가 1초각이 되는 천체까지의 거리를 1pc이라고 정의합니다.

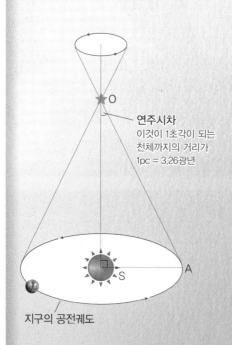

연주시차
이것이 1초각이 되는
천체까지의 거리가
1pc = 3.26광년

O

A

S

지구의 공전궤도

$$1초각 = \frac{1}{3,600}도$$

90

태양계 너머

The outside of the solar system

태양계 너머에는 별들의 세계와
아름다운 모습을 한 성운도 있습니다.
은하계를 마음껏 즐겨 봅시다.

1 태양에 가장 가까운 별

낮에는 태양이 하늘을 지배하고 있지만, 밤이 되면 완전히 달라집니다. 달은 밤하늘의 우두머리지만, 달이 없는 밤하늘은 별들의 낙원입니다. 6등성까지의 별을 육안으로 볼 수 있는데, 이런 별이 하늘에 약 6,000개가 있습니다. 하지만 우리가 볼 수 있는 별은 지평선보다 위쪽에 있으므로 수가 반으로 줄어듭니다. 그래도 공기가 맑을 때면 약 3,000개나 되는 별을 한 번에 바라볼 수 있습니다. 물론 쾌청한 날씨에만 가능하지요.

시력이 좋으면 성운(nebula)이나 성단(star cluster)도 볼 수 있습니다. 게다가 5 cm 정도 구경의 쌍안경이 있으면 더욱 많은 성운이나 은하(galaxy)까지 볼 수 있습니다.

그럼 태양계 바깥쪽으로 나가보도록 합시다.

먼저 태양 이외의 별이 나타납니다. 태양과 가장 가까운 별은 어디에 있을까요? 남반구에서 보이는 별하늘 속에 있습니다. 남십자자리 외에도 귀에 익숙하지 않은 별자리가 쭉 늘어서 있는데, 그중에 켄타우루스자리가 있습니다. 사실 켄타우루스자리의 방향에는 태양에서 가장 가까운 별이 있습니다. 그것이 바로 프록시마 켄타우리(Proxima Centauri)라고 부르는 별입니다. 태양까지의 거리는 4.22광년입니다. 이 별은 켄타우루스자리에서 가장 밝게 보이는 별, α켄타우리(켄타우루스자리 α별) 주위를 돌고 있습니다. α켄타우리는 3중성으로 α켄타우리 A, α켄타우리 B, 프록시마 켄타우리로 이루어져 있습니다. 태양은 홀 별이지만, 은하계에 있는 별 대부분은 이런 쌍성雙星입니다.

늦네.
바비 군….

모처럼 오늘은 태양계 바깥쪽까지 조사해 왔는데.

들었다. 들었어.

태양계 바깥쪽이란 드디어 우주의 맨 끝이라는 건가?

남반구의 별하늘로 망원경을 향하면 북반구에서는 관측할 수 없는 '프록시마 켄타우리'라는 별을 포착할 수 있습니다.

이리자리 / 켄타우루스자리 / 직각자리 / 프록시마 켄타우리 / 제단자리 / 컴퍼스자리 / 남십자리 / 남쪽 삼각형자리 / 파리자리 / 공작자리 / 용골자리

(그림: 일본 국립천문대)

프록시마 켄타우리는 태양에 가장 가까운 태양계 밖의 '별(항성)'입니다.

3중성인 α켄타우리의 동반성(어두운 쪽)에 해당하죠.

쌍성이란?

두 개의 별(항성)이 서로의 중력에 묶여 궤도운동을 하는 천체. 밝은 쪽을 주성, 어두운 쪽을 동반성이라고 부른다.

삼중성알파(α)켄타우리(켄타우루스자리 α별)

α켄타우리 B / 프록시마 켄타우리 / α켄타우리 A

2 별(항성)의 세계

α켄타우리 A와 α켄타우리 B는 태양과 제법 비슷하지만, 프록시마 켄타우리는 질량이 태양의 $\frac{1}{10}$ 이하인 가벼운 별입니다. 그래서 프록시마 켄타우리는 어둡고 겉보기등급은 11등급입니다(육안으로 확인할 수 있는 6등성의 $\frac{1}{100}$ 밝기).

지금은 프록시마 켄타우리가 태양계에서 가장 가까운 별이지만, 약 1만 년 후에는 **바너드별**(Barnard's star)이 3.8광년 거리까지 다가옵니다. 바너드별은 초속 108 km로 운동하기 때문에 고속도별이라고 부릅니다.

또한, 그때쯤에는 하늘의 북극 가까이에 북극성 대신 **거문고자리의 α별인 베가**(직녀성)가 보일 것입니다. 이처럼 별하늘은 사실 조금씩 변하고 있습니다. **지구의 자전축 방향이 변화하기 때문입니다.**

태양에서 15광년 거리까지 범위를 넓히면 약 50개의 별이 발견됩니다. 조금 전 밤하늘을 바라볼 때 보이는 별의 개수는 모든 하늘에서 6,000개라고 말했습니다. 은하계에는 약 2,000억 개가 넘는 별이 있습니다. 우리는 극히 일부분의 별만 보고 있는 것입니다. 이런 사실만으로도 우주의 크기를 실감할 수 있습니다.

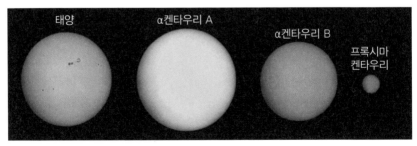

그림. 태양과 α켄타우리 A, α켄타우리 B, 프록시마 켄타우리의 크기 비교

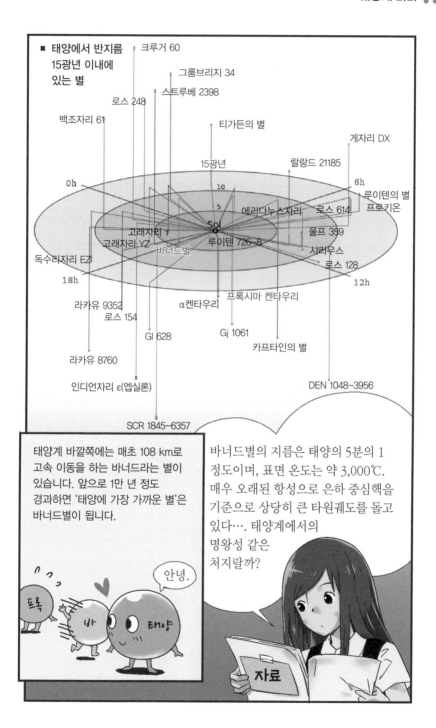

■ 태양에서 반지름 15광년 이내에 있는 별

크루거 60
그룸브리지 34
로스 248
스트루베 2398
백조자리 61
티가든의 별
게자리 DX
15광년
랄랑드 21185
0h
10
6h
5
루이텐의 별
에라다누스자리
로스 614
프로키온
Sol
고래자리 τ
울프 359
고래자리 YZ
루이텐 726-8
바너드별
독수리자리 EZ
시리우스
18h
로스 128
12h
라카유 9352
α켄타우리
프록시마 켄타우리
로스 154
GI 628
Gj 1061
라카유 8760
카프타인의 별
인디언자리 ε(엡실론)
DEN 1048-3956
SCR 1845-6357

태양계 바깥쪽에는 매초 108 km로 고속 이동을 하는 바너드라는 별이 있습니다. 앞으로 1만 년 정도 경과하면 '태양에 가장 가까운 별'은 바너드별이 됩니다.

바너드별의 지름은 태양의 5분의 1 정도이며, 표면 온도는 약 3,000℃. 매우 오래된 항성으로 은하 중심핵을 기준으로 상당히 큰 타원궤도를 돌고 있다…. 태양계에서의 명왕성 같은 처지랄까?

안녕.

프록

바

태양

자료

95

3 성운의 세계

다음은 성운의 세계를 들여다봅시다. 성운星雲은 '별의 구름'이라는 한자를 쓰지만, 별은 아닙니다. 가스가 한데 모여들어 다양한 원인에 의해 '보이는' 것입니다. '빛나는'이라고 하지 않고 '보이는'이라고 말한 이유는 보이지 않는 성운도 있기 때문입니다. 먼저 보이는 성운을 살펴봅시다.

성운이라는 말을 들었을 때 가장 먼저 떠오르는 것은 **오리온성운**(M42)일 것입니다. 이름 그대로 겨울의 대표적인 별자리인 오리온자리 방향에 보입니다. 오리온자리는 '베텔게우스(Betelgeuse)'와 '리겔(Rigel)'이라는 1등성을 포함해 밝은 별이 많으므로 겨울 밤하늘에서 유달리 눈에 잘 띕니다.

또한, 오리온자리 가까이에는 모든 하늘에서 가장 밝게 보이는 **시리우스**(큰개자리 α별)와 **프로키온**(작은개자리 α별)이 있습니다. 이 2개의 별에 오리온자리의 베텔게우스를 더한 3개의 별은 아름다운 정삼각형을 이뤄, **겨울의 대삼각형**(winter triangle)이라고 부릅니다.

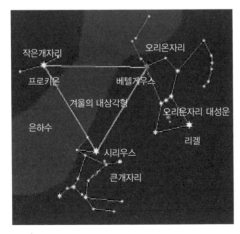

그림. **겨울의 대삼각형.** 오리온자리의 1등성이기도 한 베텔게우스는 큰개자리의 시리우스, 작은개자리의 프로키온과 함께 '겨울의 대삼각형'을 구성한다. 오리온자리는 겨울철 대표적인 별자리로 알려져 있다.

하지만 정작 혜성을 발견하려고 할 때 혼동하기 쉬운 천체가 많다는 사실을 깨달았습니다. 틀리지 않도록 천체를 목록화한 것이 바로 '메시에 목록(Messier catalogue)'입니다.

오리온자리 가까이에는 메시에 목록에도 있는 '성운'이 다수 존재합니다.

먼저 오리온성운부터 소개하겠습니다.

오리온성운(M42)

메시에 목록에 있는 'ㅇ번째 메시에 천체'라는 뜻으로 그 천체를 'Mㅇㅇ'이라고 표기하기도 한다. 오리온성운은 42번째 메시에 천체이므로 M42라고 표기한다.

4 플라즈마로 빛나는 오리온성운

오리온성운(M42)까지의 거리는 1,500광년으로 성운의 실제 크기는 33광년이나 됩니다. 지구에서의 겉보기 크기는 약 1도이므로 놀랍게도 보름달 2개에 해당하는 크기입니다. 겉보기등급도 약 4등급이기 때문에 육안으로 바라볼 수 있습니다. 오리온성운은 마치 새가 날개를 펼치고 있는 모습과 같은 아름다운 형태를 하고 있습니다. 오른쪽 사진을 보면 새의 머리처럼 보이는 부분은 M43이라는 이름이 붙어 있는데, 이것도 오리온성운의 일부입니다.

허블우주망원경으로 촬영한 오리온성운의 사진에는 M42 중심부의 구조가 잘 보입니다. θ^1Ori(오리온자리 θ^1별)이라는 별이 중앙보다 약간 위에 있습니다. 이 별은 4중성으로 **트라페지움**(Trapezium)이라는 이름이 따로 있습니다(트라페지움은 사다리꼴을 의미한다). 트라페지움을 구성하는 별은 모두 젊은데, 나이는 30만 년 정도입니다. 질량은 태양의 15~30배에 달하는 **질량이 큰 별**입니다. 오리온성운 안에는 빛을 흡수하는 우주먼지가 존재하므로 가시광선으로는 보이지 않는 별이 많습니다. 실제로는 300개가 넘는 별이 포함돼 있습니다.

오리온성운은 매우 아름다운 성운인데, 무엇이 빛나고 있는 것일까요? 또한, 왜 빛나고 있는 것일까요? 빛나는 것은 가스입니다. 오리온성운의 가스는 전리돼, **플라즈마**라고 부르는 상태로 되어 있습니다. 예를 들어, 수소원자는 양성자와 전자가 달라붙어 있는 것이라 전리되면 양성자와 전자로 나뉩니다. 그러나 양성자와 전자는 양과 음의 전하를 띠고 있기 때문에 가까이 있으면 서로 끌어당겨 수소원자로 돌아갑니다(재결합이라고 부르는 현

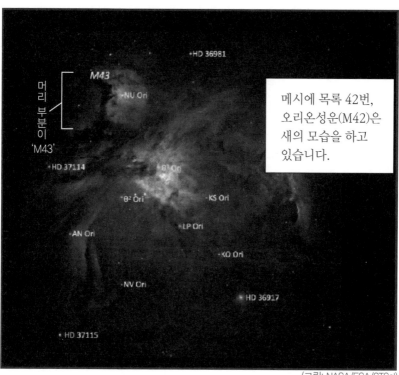

머리
부분이
'M43'

메시에 목록 42번, 오리온성운(M42)은 새의 모습을 하고 있습니다.

(그림: NASA/ESA/STScI)

성운이 이렇게 아름다운 색채를 띠는 원인은 '플라즈마'! 플라즈마입니다, 아가씨.

플라즈마에서 나오는 방출선이 색을 띠게 되는 것이죠.

그리고 오리온성운 전체에 영향을 주는 것이 사진 중앙에 있는 '트라페지움' 성단인데! 다음 페이지에서도 설명하도록 하죠!

플라즈마란?

원자가 양이온과 전자로 나뉘어진 상태로 존재하는 물질. 양이온과 전자가 재결합하거나 양이온이 전자와 부딪혀 에너지가 높은 상태가 되면 에너지가 낮은 상태로 이동할 때 방출선이 나온다.

상). 즉, 전리된 상태에서 다양한 에너지를 얻으며 안정적인 상태로 돌아가는 것입니다. 그때 자외선, 가시광선 그리고 적외선의 스펙트럼선(휘선) 방출선이 생성됩니다. 가시광선에서 가장 강한 재결합은 $H\alpha$선이라고 부르며, 656.3 nm 파장의 방출선으로 진한 빨간색입니다. 그래서 오리온성운은 전체적으로 빨갛게 보입니다.

전리된 것은 수소원자만이 아닙니다. 산소나 질소 등의 다양한 원소가 전리된 상태로 있습니다(이온이라고 한다). 이들 이온도 특징적인 스펙트럼선을 자외선에서 적외선대까지 방출합니다. 그래서 파란색이나 녹색도 함께 보입니다. 덧붙이자면, 산소가 이중전리*된 이온은 녹색 스펙트럼선을 방출합니다. 그림 속 트라페지움의 가시광선 사진(왼쪽)이 푸르스름하게 보이는 이유는 이 이온이 강하게 방출되고 있기 때문입니다.

다음은 성운이 왜 빛나는지 알아보겠습니다. 트라페지움 같은 질량이 큰 별들은 표면 온도가 높아 3만℃나 됩니다. 이와 같은 고온의 별은 가시광선보다 자외선을 강하게 방출하는데, 이 자외선이 주변에 있는 원자를 전리해 플라즈마로 만들어 버립니다. 그래서 앞서 설명한 과정에서처럼 강한 스펙트럼선이 방출해 빛나 보이는 것입니다. 덧붙이자면, 태양 주변에 원자가스가 있다고 해도 대부분 전리되지는 않습니다. 그래서 태양을 멀리서 바라봐도 오리온성운 같은 성운은 보이지 않습니다.

오리온성운 중심부에 있는 트라페지움 등의 질량이 큰 별에서는 강한 항성풍이 일어납니다. 속도는 초속 1,000 km나 됩니다. 항성풍은 성운 주변부에 있는 분자가스에 충돌해 분자가스구름의 충격파로 관측됩니다. 질량이 큰 별 주변에는 전리나 항성풍과 같은 현상이 왕성하게 일어납니다.

---

* 이중전리(doubly ionized)란, 전기적으로 중성인 원자에서 2개의 전자가 떨어져 나가는 것을 말한다.

■ 허블우주망원경으로 촬영한 트라페지움

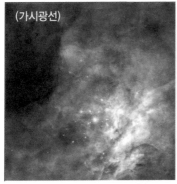 (가시광선)

 (근적외선)

(그림: NASA/ESA/STScl)

트라페지움에 좀 더 다가가 보면 근처에 분자가스가 흩날리는 모습을 확실히 관측할 수 있습니다.

트라페지움의 표면 온도는 3만℃로 매우 높습니다! (태양의 약 5배) 거기서 방출된 자외선이 고속의 항성풍으로 이동해 주위의 분자가스를 전리시키기 때문에 그 영역 일대가 플라즈마 상태로 되는 것이죠.

(그림: 일본 국립천문대)

별이나 우주먼지를 치우면 원시 우주와 같은 상황에 이를지도 모릅니다!

오리온성운 같은 왕성함! 그것이 우주의 역동성 일지도 모릅니다.

5 울트라맨의 고향? M78성운

오리온자리에는 또 하나 유명한 성운이 있습니다. 바로 M78이라는 이름의 성운입니다. 사진으로 보면 바로 눈에 띄지 않습니다. 그런데도 이 성운이 유명한 이유는 '울트라맨의 고향'이라고 소개되었기 때문입니다.

이 성운은 오리온성운과는 다른 구조로 빛납니다. 오리온성운은 전리된 가스 전체 방출선으로 빛나지만, M78은 가까이 있는 10등성인 다중성(multiples stars)의 빛을 반사해 빛나기 때문입니다. 이런 성운을 반사성운(reflection nebula)이라고 부릅니다.

울트라맨은 왜 이렇게 눈에 띄지 않는 성운에서 온 걸까요? 저도 의아합니다. 진짜인지 아닌지 모르겠지만, 원래 설정은 M78이 아니라 M87이었다고 합니다.

M87은 타원은하로, 처녀자리은하단 안에 있습니다. 처녀자리은하단은 처녀자리 방향으로 보이는 은하의 대규모 집단으로, 1,000개가 넘는 은하를 품고 있습니다. 약간 가늘고 긴 형태를 하고 있으며, 은하계에서의 거리는 5,000만 광년에서 7,000만 광년이나 됩니다.

M87의 중심에는 **거대질량 블랙홀**이 있는데, 주변에서 제트(jet)가 분출되고 있는 상당히 활동적인 은하입니다. 어느 쪽이 울트라맨의 고향에 어울리느냐고 묻는다면 M87쪽이라고 할 수 있습니다. TV 프로그램 〈울트라맨〉에서는 M78까지의 거리가 300만 광년으로 설정돼 있습니다. 그래서 M78은 은하계 바깥에 있는 성운, 즉 다른 은하인 것을 암시합니다(은하계의 지름은 약 10만 광년). 단, M87까지의 거리로는 너무 멀다는 생각이 듭니다.

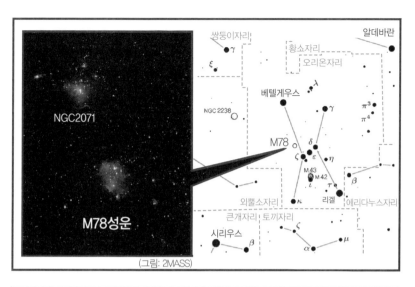

(그림: 2MASS)

메시에 목록 78번 'M78성운'…. 그것은 1,600광년 거리에 있습니다.

앞 단락의 M42와 달리 스스로 반짝이는 게 아니라 반사성운이죠!

그리고 울트라맨의 고향일지도 모릅니다!

슈왓

그렇지만 사실 'M87을 잘못 적은 건 아닐까?' 하는 설도 있습니다.

극 중 설정인 '300만 광년' 이라는 거리를 기준으로 보면 적어도 다른 은하에 존재해야 하는 천체이기 때문입니다.

6 바너드 루프의 유래

오리온자리 방향으로 보이는 또 하나의 드라마틱한 성운을 소개합니다. 바로 **바너드 루프**(Barnard loop)라고 부르는 성운입니다.

이 성운까지의 거리는 오리온성운과 마찬가지로 1,500광년 정도입니다. 최대 특징은 성운이 오리온자리 전체에 퍼져 있다는 점입니다. 오리온성운이 작게 보일 정도로 거대한 성운입니다. 또 하나의 특징은 성운의 이름에도 들어 있듯 루프 형태(원고리 모양)의 구조를 한 점입니다. 이 구조를 설명하는 가장 자연스러운 메커니즘은 **초신성 폭발**입니다.

바너드 루프의 지름은 300광년이나 되며 현재도 초속 50 km 속도로 점점 커지고 있습니다. 이런 성질을 보아 바너드 루프가 약 200만 년 전, 초신성 폭발로 유래한 것이 아닌지 추측하고 있습니다. 즉, 초신성의 잔해라는 뜻입니다.

초신성 폭발이 일어나면 처음은 무서운 속도로 물질이 흩어집니다. 속도는 초속 수천 킬로미터를 가볍게 뛰어넘습니다. 이 단계에서는 물질끼리 격하게 충돌하기 때문에 **충격파**가 발생합니다. 그래서 물질은 충돌 때문에 전리돼, 다양한 스펙트럼선을 방출합니다. 또한, 전자는 질량이 가벼우므로 빛의 속도와 가까운 속도까지 가속해, 플라즈마가 만드는 자기장 속을 매우 빠른 속도로 이동합니다. 좀 더 자세히 말하면 자력선을 따라 나선 운동합니다. 전자가 광속에 가까운 속도로 이런 운동을 하면 특수한 연속스펙트럼을 방출하는데 이 현상을 **싱크로트론 복사**(synchrotron 방출)라고 부릅니다.

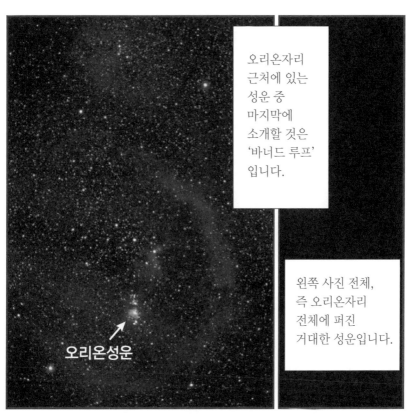

오리온자리 근처에 있는 성운 중 마지막에 소개할 것은 '바너드 루프' 입니다.

왼쪽 사진 전체, 즉 오리온자리 전체에 퍼진 거대한 성운입니다.

오리온성운

이 고리 모양 구조는 초신성 폭발이 원인이라고 합니다!

거대한 별의 조각이 퍼져 있다는 말인가요?

초신성 폭발로 물질이 고속으로 흩어질 때 물질끼리 충돌해 원자가 전리됩니다. 그 공간을 전자가 광속으로 빠져나가려 할 때 싱크로트론 방사라는 특수한 빛을 방출합니다. 이 빛의 영향으로 바너드 루프가 보입니다.

105

7 별이 태어나는 장소

오리온성운에는 젊은 별이 많습니다. 사실 트라페지움의 별들은 태어난 지 겨우 수십만 년 정도밖에 지나지 않았습니다. 별의 기원이 되는 차가운 분자가스가 아직 많이 존재하고 있으므로 지금도 왕성하게 별이 태어나고 있는 것은 아닐까 기대를 모았습니다.

그런데 정말 이런 별을 발견할 수 있었습니다. 아래 그림의 오른쪽 위 사진에 4개의 별이 보이는데, 그중 오른쪽 끝에 있는 천체를 확대해서 오른쪽 아래에 놓아보았습니다. 별 주변이 거무스름하게 보이는 것은 가스나 우주먼지로 이루어진 원반이 있기 때문입니다. 이 원반이 주변의 빛을 흡수해버립니다. 역시 별은 태어나면서 가스 원반을 만들어 내는 것입니다.

오리온성운의 다른 장소를 찾아보니 예상대로 갓 태어난 수많은 별을 발견할 수 있었습니다. 여기서도 가스 원반이 빛을 흡수한 모습을 어렵지 않게 볼 수 있습니다. 별이 태어나는 방법은 대부분 비슷하다고 여겨집니다.

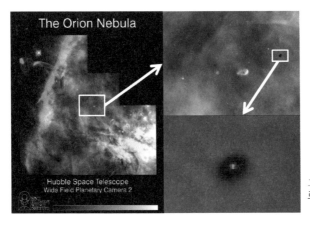

그림. 오리온성운을 배경으로 떠오른 갓 태어난 별
(그림: HUBBLE SITE)

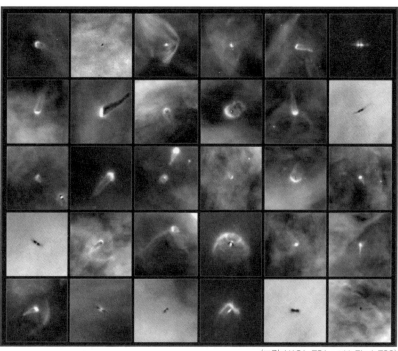

(그림: NASA, ESA and L.Ricci, ESO)

우주가 138억 년 전, 태양계가 46억 년 전에 태어났다는 이야기를 들으니 우주의 구조는 이미 오랜 옛날부터 정해져 있었다는 느낌이 드네요.

그렇지만 지금도 옛날과 변함없이 별은 태어나고 죽고 있습니다, 아가씨!

드르륵

이런…. 누가 온 모양이군.

위의 사진은 오리온 성운에서 발견한 갓 태어난 별입니다.

전 우주를 사랑하는 아가씨한테만 보여야 합니다! 그럼 이만.

고마웠어요!

후다닥

8 별은 어떻게 태어나는 걸까?

별의 탄생 장소는 충분히 봤으니 이제 별이 어떻게 태어나는 건지 논리적인 모델을 이야기해보려 합니다.

태양계의 형성 장소에서 이야기했듯(78쪽 참조), 별은 차갑고 밀도가 높은 분자가스구름 속에서 태어납니다. 은하의 원반부에는 분자가스구름이 많으며, 크기는 수십에서 수백 광년까지 다양합니다. 분자가스구름 속에 밀도가 높은 장소가 생성되면, 그곳은 중력이 강해지기 때문에 주변의 가스를 끌어당깁니다. 그러면 더욱 무거워지고 점점 더 많은 가스가 유입됩니다.

이렇게 가스 밀도가 높은 핵이라고 부르는 장소가 만들어집니다. 핵에는 수많은 물질이 모여 있어서 중력이 강해지므로 다시금 주변에 있는 가스를 끌어당기기 시작합니다. 주변에 있는 가스는 회전하기 때문에(각운동량 (angular momentum)을 지니고 있다) 핵 주변에 모인 가스는 원반 모양의 구조를 형성합니다. 핵은 자신의 중력으로 더욱 수축을 이어가며 동시에 핵 주변의 가스 원반도 밀도가 올라가 중심부로 향합니다.

그런데 여기서 문제가 하나 발생합니다. 가스 원반이 수축하기 위해서는 가지고 있는 각운동량을 버려야 합니다. 그렇지 않으면 중심부로 쏙 들어가지 못합니다. 이때 가스 원반은 원반과 직각 방향으로(양쪽 2곳) 가스를 내뱉어 각운동량을 버리기 시작합니다. 상당히 힘차게 내뿜기 때문에 제트로 관측되는 것입니다(분자가스 쌍극분출류라고 부른다).

여기까지가 별 탄생의 전 단계입니다. 그 후로는 태양의 형성 때 말했듯, 핵 중심부에서 열핵융합이 일어나 별이 탄생합니다.

성운 안에 있는
'저온·고밀도의 가스'에는
다양한 종류의 분자가
존재합니다(물, 일산화탄소,
암모니아, 메탄, 알코올 등).
그 분자에서 다수의 별이
서로 영향을 주고받으며,
동시에 태어나
성장해 갑니다.

① 성운가스나 암흑성운이
가까이에 있는 초신성 폭발
등으로 충격파를 받으면
그 영향으로 물질 밀도의
차이가 만들어짐.

② 밀도가 커진 부분은 중력이
강해지므로 주위 물질을
끌어당겨, 더욱 물질의
밀도가 커짐.

③ 그러면 더욱 중력이
강해져, 가속도가 붙으며
밀도가 점점 커짐.

④ 그 중심에서 핵융합
반응이 시작해
원시별이 탄생함.

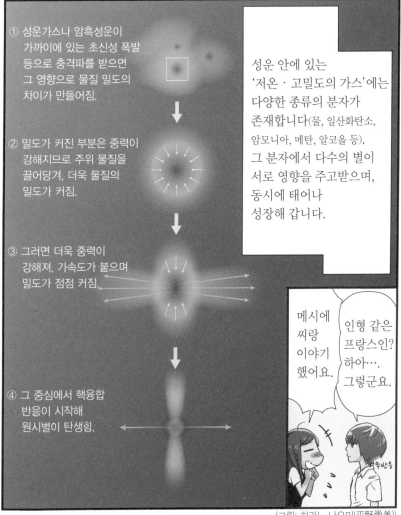

(그림: 히라노 나오미(平野尚美))

9 갓 태어난 별의 제트

별이 태어날 때 제트가 뿜어져 온다는 이야기는 잘 와닿지 않을지도 모릅니다. 하지만 실제로 관측된 제트가 있습니다. 바로 **허빅-하로천체**(HH천체, Herbig-Haro object)입니다.

오른쪽 윗 그림의 HH1과 HH2가 쌍으로 이루어진 허빅-하로천체는 하나의 원시별에서 방출하는 제트에 붙어 있는 구조입니다. 별이 있는 장소는 이 구조의 근원 부분이라 할 수 있습니다. 매우 복잡하고 불가사의한 구조지만, 허빅-하로천체와 같은 구조를 형성하는 과정을 설명하겠습니다.

먼저 중심에 있는 별 주변에 가스 원반(가스가 강착해 만들어지기 때문에 강착 원반(contracting disk)이라고 부른다)이 있습니다. 그리고 그 원반의 양쪽 직각 방향으로 2개의 제트가 분출합니다. 앞 단락에서 설명했듯, 가스 원반의 각운동량을 효과적으로 줄이기 위해 일어나는 현상입니다. 방출된 제트는 별 주위에 있는 가스와 충돌하는데, 충돌 에너지가 가스를 고온으로 만들어 전리됩니다. 플라즈마에서 다양한 스펙트럼선이 방출되어 빛나 보이는 것입니다.

허빅-하로천체가 관측된 시기는 아직 원시별로 불리는 단계이며, 열핵융합은 일어나지 않습니다. 중력 수축을 동반해 해방된 에너지를 이용해 제트를 분출하는 것입니다. 따라서 오랫동안 제트를 뿜어낼 수는 없습니다. 수명은 수천 년에서 수만 년이라고 여겨집니다.

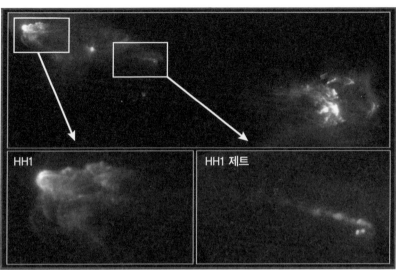

(그림: NASA/ESA/STScl)

앞 단락과 마찬가지로 갓 태어난 별은 회전축 방향으로 가스를 분출합니다.

회전하는 운동량을 줄이려고 하기 때문입니다.

분출한 가스가 주변의 가스와 충돌해 태어난 것이 '허빅-하로천체'

위의 사진이 그것입니다.

별은 아직 열핵융합을 일으킬 정도의 크기가 아닙니다. '원시별' 시기에만 관측할 수 있는 천체입니다.

그런데 바비 군은 왜 늦으셨나요?

신경 쓰여요?

111

10 별의 생애

별은 태어나고 자라고 죽어갑니다. 이 일련의 과정을 별의 진화라고 부릅니다. 죽어가는데 '진화'라고 부르는 것은 이상하지만, 천문학회의 결정이므로 어쩔 수 없습니다.

별의 진화는 대부분 별의 질량으로 정해집니다. 별의 질량에 따른 진화의 차이를 오른쪽 그림에 나타냈습니다. 먼저 별에는 최소 질량이 있습니다. 태양 질량의 0.08배입니다. 이보다 가벼우면 중심부에서 열핵융합이 일어나지 않아 갈색왜성으로 일생을 마칩니다.

태양 질량의 8배 이하인 별은 적색거성의 단계를 거쳐 죽어갑니다. 별의 바깥층이 흩날려 주변에 행성상성운(planetary nebula)을 만들기도 합니다. 별의 핵은 중력으로 수축해 작아져, 표면 온도가 1만~10만℃라는 고온의 백색왜성(white dwarf)이 되어 죽습니다. 행성상성운을 전리시켜 빛나는 것이 바로 이 백색왜성입니다. 백색왜성이 찌부러지지 않는 이유는 전자의 압력 때문입니다(전자의 축퇴압이라고 부른다). 단, 태양 질량의 1.4배가 넘을 때는 전자의 압력만으로는 중력 붕괴를 막을 수 없습니다.

태양 질량의 8배가 넘는 별은 초신성 폭발 뒤, 별의 중심핵이 중력으로 수축해 백색왜성보다 작은 고밀도의 천체가 됩니다. 태양 질량의 40배 이하의 별은 중성자별(neutron star)로 남습니다. 중성자별은 중성자의 압력(중성자의 축퇴압)으로 별의 중력 붕괴를 막고 있는 천체입니다. 태양 질량의 40배가 넘는 별은 중성자의 축퇴압으로 버틸 수 없어, 중력 붕괴해 블랙홀이 됩니다. 블랙홀의 질량은 태양의 수 배에서 10배 정도라고 합니다.

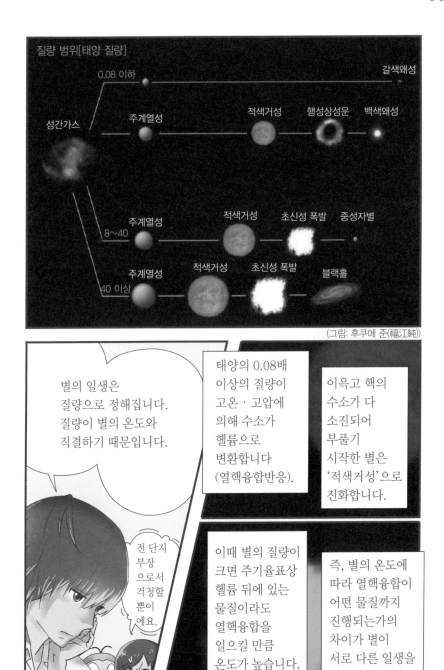

(그림: 후쿠에 준(福江純))

별의 일생은 질량으로 정해집니다. 질량이 별의 온도와 직결하기 때문입니다.

전 단지 부장 으로서 걱정할 뿐이 에요.

태양의 0.08배 이상의 질량이 고온·고압에 의해 수소가 헬륨으로 변환합니다 (열핵융합반응).

이윽고 핵의 수소가 다 소진되어 부풀기 시작한 별은 '적색거성'으로 진화합니다.

이때 별의 질량이 크면 주기율표상 헬륨 뒤에 있는 물질이라도 열핵융합을 일으킬 만큼 온도가 높습니다.

즉, 별의 온도에 따라 열핵융합이 어떤 물질까지 진행되는가의 차이가 별이 서로 다른 일생을 살아가게 만듭니다.

113

11 적색거성의 미래, 행성상성운

적색거성이라고 하면, 조각가자리 R성의 소용돌이 구조가 압권입니다. 적색거성은 이 별처럼 바깥층의 가스를 성간공간으로 방출합니다. 거꾸로 중심핵쪽은 별 전체의 각운동량을 보존하기 위해 축소해나갑니다. 그리고 연료(열핵융합을 하는 물질)가 떨어지면 별의 형태를 유지하고 있던 압력이 사라지기 때문에 점점 쪼그라들어갑니다. 전자의 압력(축퇴압)으로 간신히 별의 모습을 지키는 형태가 되는데, 그것이 **백색왜성**입니다.

백색왜성의 표면 온도는 10만℃로, 상당한 고온이라 그 에너지로 주변의 가스가 전리됩니다. 즉, 적색거성일 때 방출한 가스가 플라즈마 상태가 되어 방출선으로 빛나는 것처럼 보이는 것입니다. 이것이 **행성상성운**입니다.

행성상성운 중 가장 유명한 것이 **거문고자리의 고리성운**(M57)입니다. 지구에서의 거리는 720광년으로, 허블우주망원경을 사용해 성운의 팽창 속도를 측정했습니다. 그 결과, 추정된 성운의 나이는 약 4,000년이라고 합니다.

행성과 아무런 관련이 없는데 왜 '행성상'이라는 단어를 사용하는지 의아할 수도 있습니다. 사실, 이 이름은 **언뜻 보면 행성처럼 보이기 때문에** 붙여진 것입니다. 별은 점광원(point source, 크기와 형태가 없이 하나의 점으로 보이는 광원-역주)으로 보이지만, 행성은 명료한 경계가 있어서 퍼져 보입니다. 성운 중에 행성처럼 보이는 것이 있었기 때문에 편리하게 행성상성운이라는 이름을 붙인 것입니다. 실은 30년 정도 전에 행성상성운 연구자 사이에서 개명하자는 의견이 분분했지만, 잘 진행되지 않았습니다.

조각가자리 R성
가스가 소용돌이치고 있는 것이 특징. 이 별을 돌고 있는
다른 어두운 별이 가스와 뒤섞여 회오리구조를 만들었다고 여겨진다.

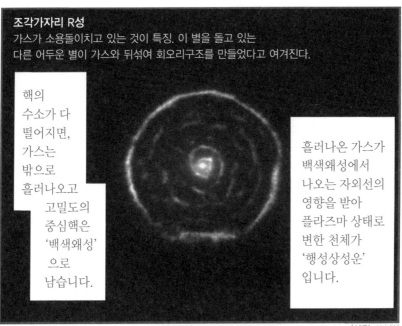

핵의 수소가 다 떨어지면, 가스는 밖으로 흘러나오고 고밀도의 중심핵은 '백색왜성'으로 남습니다.

흘러나온 가스가 백색왜성에서 나오는 자외선의 영향을 받아 플라즈마 상태로 변한 천체가 '행성상성운'입니다.

(사진: ALMA)

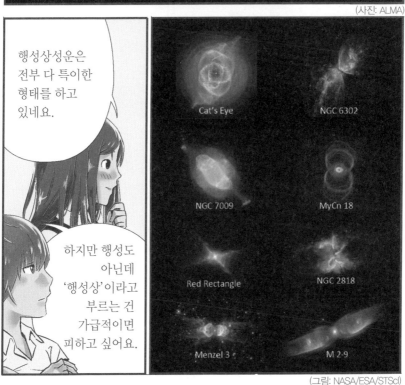

행성상성운은 전부 다 특이한 형태를 하고 있네요.

하지만 행성도 아닌데 '행성상'이라고 부르는 건 가급적이면 피하고 싶어요.

(그림: NASA/ESA/STScI)

115

12 다른 형태의 초거성

▶ 용골자리 η(에타)별

초거성의 예로 용골자리 η별(별명: η 카리나)을 소개합니다. 파란색을 띠고 있어서 **청색초거성**(blue supergiant star)으로 분류합니다. 이 별은 태양 질량의 70배인 별과 30배의 별이 공전운동하고 있는 쌍성입니다. 그림을 보면 알 수 있듯, 대량의 가스가 2개의 거품처럼 뿜어져 나오고 있습니다. 왜 구형의 가스가 방출되지 않는 것일까요? 그 이유는 천체의 회전에서 찾을 수 있습니다. 회전하고 있으면 반드시 가스 원반이 만들어지고 가스가 원반의 양쪽 직각 방향으로 방출되기 때문입니다. 이 별은 평소에는 6등성으로 관측되지만, 지금까지 몇 번인가 1등성보다 밝아졌다는 기록이 있습니다. 슬슬 수명을 다해, 초신성 폭발을 일으키리라 추정됩니다.

▶ 적색초거성 베텔게우스

오리온자리의 α별인 **베텔게우스**는 **적색초거성**(red supergiant star)이며(질량은 태양의 20배), 별의 크기가 변화하는 **맥동변광성**으로 알려져 있습니다. 그림에 보이듯, 허블우주망원경으로 촬영하면 별의 형태가 일그러진 것을 알 수 있습니다. 최근 급속히 작아지고 있는 모습이 관측되었기 때문에 곧 초신성 폭발을 일으키는 것은 아닐까 예상됩니다.

베텔게우스까지의 거리는 640광년이므로 폭발 사실을 알게 되는 것은 폭발로부터 640년 후입니다. 만약 이미 630년 전에 초신성 폭발이 일어났다면 10년 후의 베텔게우스는 반달 정도의 밝기로 보일 것입니다. 기대되지만, 아름다운 형태의 오리온자리를 볼 수 없게 된다고 생각하니 조금 쓸쓸하기도 합니다.

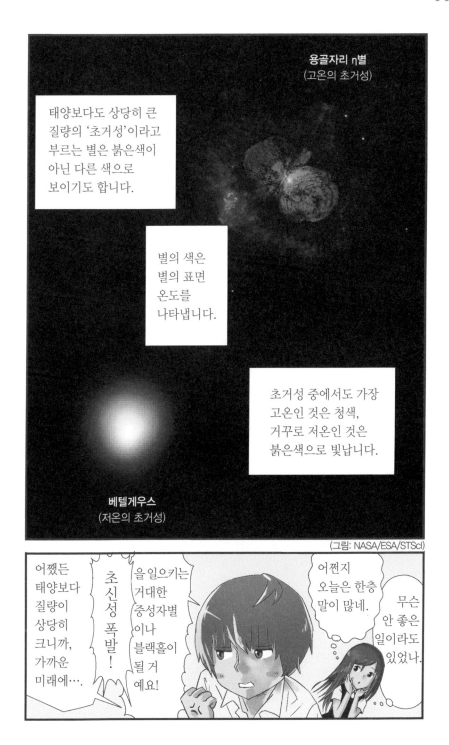

용골자리 η별
(고온의 초거성)

태양보다도 상당히 큰
질량의 '초거성'이라고
부르는 별은 붉은색이
아닌 다른 색으로
보이기도 합니다.

별의 색은
별의 표면
온도를
나타냅니다.

초거성 중에서도 가장
고온인 것은 청색,
거꾸로 저온인 것은
붉은색으로 빛납니다.

베텔게우스
(저온의 초거성)

(그림: NASA/ESA/STScI)

어쨌든
태양보다
질량이
상당히
크니까,
가까운
미래에….

초신성 폭발!

을 일으키는
거대한
중성자별
이나
블랙홀이
될 거
예요!

어쩐지
오늘은 한층
말이 많네.

무슨
안 좋은
일이라도
있었나.

117

13 아름답지만 덧없는 모습의 초신성잔해

태양보다 몇 배 이상 무거운 별은 내부에서 열핵융합이 점점 진행돼, 중심부(별의 중심핵)에 철이 모입니다. 철은 열핵융합을 일으키지 않는 원소이므로, 철이 모이면 별 중심부의 열핵융합이 멈춥니다. 그러면 별의 중력을 버티는 압력이 한 번에 사라져 별이 쪼그라드는데, 중심핵은 중성자로 이루어진 중성자별 상태가 됩니다. 별의 가스가 중력으로 붕괴해 한꺼번에 밀려들면 가스는 중성자별의 표면에서 튕겨 나가 대폭발을 일으킵니다. 이것이 초신성 폭발입니다.

초신성 폭발은 은하에 필적할 정도로 밝게 보이므로 멀리 있는 은하에서 일어나도 관측할 수 있습니다. 우리가 사는 은하계에서도 초신성은 관측되고 있습니다. 1054년 SN 1054는 후지와라노 사다이에藤原定家의《메이게쓰기明月記》에 기록이 남아 있습니다. 이 초신성의 잔해는 게성운으로 알려져 있고, 케플러별이라 알려진 SN 1604라는 초신성잔해도 관측되었습니다. 오리온자리의 α별인 베텔게우스는 언제 초신성 폭발이 관측되어도 이상하지 않을 만큼 폭발이 임박했다고 하는데, 과연 어떤 잔해를 남기게 될까요.

표. 은하계에서 발생한 초신성 기록

이름	연도	별자리	거리(광년)	최대광도(등급)	초신성잔해
SN 185	185	켄타우루스	3,300	−8	RCW 86
SN 393	393	전갈	?	−1	?
SN 1006	1006	이리	7,200	−9	?
SN 1054	1054	황소	7,000	−6	게성운
SN 1181	1181	카시오페이아	〉26,000	0	3C 58
SN 1572	1572	카시오페이아	8,000~9,800	−4	티코의 별
SN 1604	1604	뱀주인	〈 20,000	−2.5	케플러의 별

특히 질량이 큰 별은 거성으로 진화한 뒤 초신성 폭발을 일으킵니다.

별의 일생은 질량으로 정해진다.

그것은 도망칠 수 없는 운명이기 때문이죠.

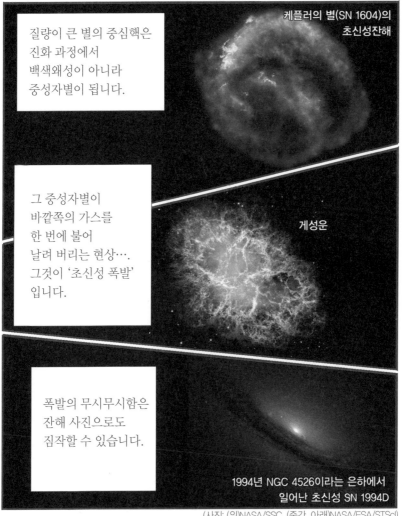

질량이 큰 별의 중심핵은 진화 과정에서 백색왜성이 아니라 중성자별이 됩니다.

케플러의 별(SN 1604)의 초신성잔해

그 중성자별이 바깥쪽의 가스를 한 번에 불어 날려 버리는 현상…. 그것이 '초신성 폭발' 입니다.

게성운

폭발의 무시무시함은 잔해 사진으로도 짐작할 수 있습니다.

1994년 NGC 4526이라는 은하에서 일어난 초신성 SN 1994D

(사진: (위)NASA/SSC, (중간, 아래)NASA/ESA/STScl)

14 우리은하 내 초신성

은하계 이외의 초신성이 폭발한 것은 1885년의 일이었습니다. 250만 광년 거리에 있는 **안드로메다은하**(Andromeda galaxy)에서 처음 발견되었습니다(SN 1885A). 또한, 1987년에는 우리은하의 위성은하인 **대마젤란성운**(Large Magellanic Cloud, 거리 16만 광년)에서 초신성이 발견됐습니다(SN 1987A). 이 초신성에서 나온 뉴트리노(neutrino, 중성미자-역주)를 검출한 공적(뉴트리노 천문학의 창설)으로, 고시바 마사토시小柴昌俊(우주에서 날아온 중성미자와 X선을 처음 관측-역주)가 2002년 노벨물리학상을 수상했습니다. SN 1987A의 초신성 잔해는 점점 퍼지고 있는데, 현재는 예쁜 두 개의 고리 구조가 보입니다.

대마젤란성운에는 다른 초신성 잔해도 발견되고 있는데, 그 예로 SNR 0509-67.5의 사진도 제시하였습니다. 상당히 예쁜 고리처럼 보이는데, 입체 구조로 보면 비눗방울 같은 **껍데기 구조**입니다. 잔해의 지름은 23광년이며 지금도 초속 5,000 km로 팽창하고 있습니다. 지름과 팽창 속도를 근거로 이 초신성은 약 400만 년 전에 폭발했다고 추정하고 있습니다. 1600년경의 일인데, 이 초신성을 봤다는 기록은 남아 있지 않습니다. 남반구에서만 보이기 때문일지도 모릅니다.

생각해 보면 인류가 우주를 바라보고 하늘에서 일어난 변화를 기록해 온 기간은 불과 2,000년 정도입니다. 얼마되지 않았지만, 기록에 의지해 해독할 수 있는 수수께끼도 있습니다. 현재는 천문학자가 운영하는 전천탐사 망원경과 아마추어 천문가들의 노력으로 초신성 탐사가 이루어지고 있습니다. 앞으로 어떤 진전이 있을지 기대됩니다.

초신성 폭발 사진을 너무 좋아해서 잔뜩 모으고 있어요.

폭발의 무시무시함.

초신성 1987A

폭발한 별

초신성 폭발

그 뒤에 남는 고리 구조의 아름다움.

별의 일생이 보이는 멋진 대비가 너무 좋아요.

초신성잔해

(그림: NASA/ESA/STScl)

대마젤란성운의 초신성잔해
SNR 0509-67.5

비눗방울 같은 구조의 잔해는 아직도 계속 팽창하고 있다.

(그림: NASA/ESA/STScl)

15 암흑성운의 정체

마지막으로 **암흑성운**을 소개합니다.

암흑성운은 지금까지 소개해 온 성운과는 다릅니다. 오리온성운 등은 질량이 큰 별의 자외선으로 전리된 가스에서 나오는 방출선 덕분에 빛나 보입니다. 또한, M78성운은 가까이 있는 별의 빛을 반사해 빛나 보이는 반사성운입니다. 이런 것들을 **산광성운**(diffuse nebula)이라고 부릅니다.

여기서 소개할 암흑성운은 뒤에서 다가오는 빛을 흡수해 실루엣으로 보이는 성운을 말합니다. 대표격으로 오리온자리에 있는 **말머리성운**이 있습니다.

암흑성운의 정체는 밀도가 높은 가스나 우주먼지로 이루어진 가스입니다. 가스 온도가 낮아서(절대온도로 30℃ 이하) 분자로 이루어져 있습니다. 즉, 별의 탄생에서 소개한 **분자가스구름**이 그 정체입니다. 분자가스가 있는 곳에는 반드시 우주먼지가 있습니다. 질량으로 말하면, 우주먼지는 가스 질량에서 $\frac{1}{100}$ 정도 포함되어 있습니다. 이 우주먼지는 자외선이나 가시광선을 반사하거나 흡수합니다. 뒤쪽에서 다가온 빛은 분자가스구름 안에 있는 우주먼지 때문에 보이지 않는 것입니다.

실제로 말머리성운을 전파로 관측하면 밝게 빛나고 있는 것을 볼 수 있습니다. 오른쪽 위의 세 번째 그림은 파장 0.9 mm의 전파로 본 말머리성운으로, 말의 머리 부분이 밝게 빛나고 있습니다. 일산화탄소 분자의 방출선을 보고 있기 때문입니다. 또한, 오른쪽 끝의 그림은 우주먼지가 방출하는 파장 0.85 mm의 전파를 포착한 것입니다. 이 그림에서도 말머리가 빛나 보입니다.

■ 다양한 파장으로 관찰한 말머리성운

(그림: ALMA)

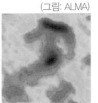

가시광선　　　　근적외선　　　　CO 분자가스가 방출　　우주먼지가 방출하는
　　　　　　　　　　　　　　　　하는 전파(파장 0.9 mm)　전파(파장 0.85 mm)

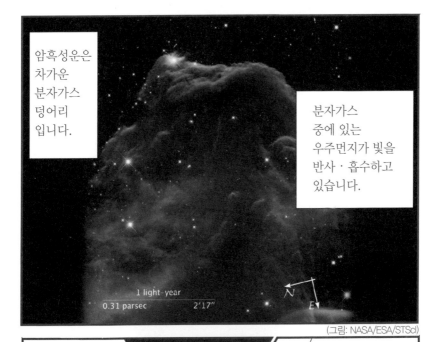

암흑성운은 차가운 분자가스 덩어리입니다.

분자가스 중에 있는 우주먼지가 빛을 반사·흡수하고 있습니다.

1 light-year
0.31 parsec　　　　2′17″

(그림: NASA/ESA/STScI)

그곳에서만 빛을 흡수한다는 이야기는 거꾸로 빛나는 곳을 찾으면 암흑성운의 형태를 알 수 있다는 말입니다.

다만, 가시광선 이외의 파장으로 관측하면 암흑성운 중에도 밝게 빛나는 부분이 있다는 사실을 확실히 알 수 있죠.

16 별들의 고향, 암흑성운

암흑성운은 이름과 달리 별의 탄생에서 빠뜨릴 수 없는 장소임을 알았습니다. '암흑'이니까 아무것도 없는 것이 아니라 이곳에서 별이 태어나는 분자가스구름이 암흑성운의 형태로 관측됩니다.

다시 오리온성운에서 발견된 갓 태어난 별 이야기를 떠올려 봅시다. 그곳에서는 주변이 어둡게 보였는데, 별 주변에 있는 가스 원반이 뒤쪽 빛을 흡수하기 때문이었습니다. 즉, 가스 원반도 암흑성운의 일종입니다.

천체는 다양한 파장으로 빛나고 있습니다. 그래서 천체를 바르게 이해하려면 모든 파장대로 관측할 필요가 있습니다.

암흑성운의 형태도 천차만별입니다. 무엇보다 분자가스구름의 형태로 정해지기 때문입니다. 오른쪽 그림 상단에 나타낸 두 개의 예는 **기둥**(pillar)**형 암흑성운**이라고 부릅니다. 원래 주변에도 분자가스가 있었지만, 밀도가 낮아서 주변에 있는 질량이 큰 별때문에 전리된 탓에 밀도가 높은 부분만 남아 기둥 모양 구조가 된 것입니다. 이 암흑성운은 밀도가 높으므로 별이 태어나는 장소가 됩니다. 기둥형 암흑성운의 머리 부분은 마치 포자처럼 보이므로 과거에는 '글로뷸(globule)'이나 연구자인 바르트 J.복(Bart Jan Bok, 1906~1983년, 네덜란드계 미국인 천문학자이자 교수. 은하수의 구조와 진화에 관한 연구와 임흑성운을 볼 수 있는 복구상체를 발견했다-역주)의 이름을 따서 '복 글로불(Bok globule)'이라고 불렀습니다. 지상천문대에서 관측했을 때는 자세한 형태를 알 수 없었지만, 허블우주망원경 덕분에 연구가 크게 진전했습니다.

암흑성운은 차가운 분자가스 덩어리 입니다.

그리고 별을 낳는 물질이기도 합니다.

방문

방문

쓱 쓱

쓱 쓱

예전에는 암흑성운에 별은 존재하지 않는 다고 여겨졌지만, 사실 고밀도의 가스나 우주먼지 때문에 가려져 있었던 것 뿐이었습니다. 계속해서 별을 낳는 장소, 그것이 암흑성운 인 것이죠.

NGC 2264

M 16

NGC 281

M 20

(그림: NASA/ESA/STScl)

아직 이야기 안 끝났다.

바비.

또 손님…. 이번엔 누구지?

정말 누구세요? 암흑성운에서 온 외계인?

그러니까 암흑성운의 이미지는 그런 게 아니라 니까요, 선배….

드르륵

17 별과 가스의 순환

별은 차갑고 밀도가 높은 분자가스구름에서 태어난다는 사실을 설명했습니다. 가스에서 태어난 별은 죽으면 다시 가스로 돌아갑니다. 즉, 은하의 세계에서는 가스에서 별 그리고 별에서 가스로 순환을 반복합니다.

행성상성운이나 초신성 폭발로 발생한 고온의 가스도 결국은 식어 분자가스구름으로 되돌아갑니다. 그리고 그곳에서 차세대 별의 탄생에 사용됩니다. 그야말로 가스와 별의 순환이며, 이 과정을 통해 은하가 진화한다고도 말할 수 있습니다.

우주가 태어날 때 생성된 원소는 수소와 헬륨뿐이었습니다. 그런데 우리 몸 주변에는 수많은 원소가 있습니다. 탄소, 수소, 질소, 마그네슘, 철 등입니다. 이들 원소는 모두 별 속에서 발생한 열핵융합으로 생성되어 은하 안으로 흩뿌려졌습니다. 별들의 진화가 없으면 우리도 태어나지 못했으므로, 별에 감사해야겠습니다.

그런데 가스와 별의 순환에서 낙오하는 것도 있습니다. **백색왜성, 중성자별** 그리고 **블랙홀**입니다. 이들은 별의 핵의 잔해로 그대로 남습니다(백색왜성은 온도가 떨어져 점점 어두워진다). 이들은 두 번 다시 가스로 바뀌지 않아서 그 이후로 진행되는 진화에 영향을 미치지 못합니다. 별에 포함돼 있던 가스는 대부분은 은하 속으로 돌아가지만, 시간이 지남에 따라 새로운 별의 탄생에 사용할 가스의 총량이 조금씩 줄어드는 것입니다. 어쩐지 진화라기보다 퇴화처럼 보입니다.

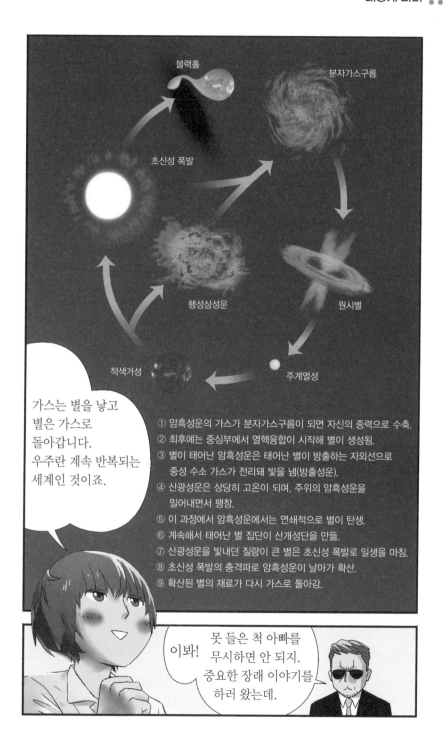

블랙홀

분자가스구름

초신성 폭발

행성상성운

원시별

적색거성

주계열성

가스는 별을 낳고
별은 가스로
돌아갑니다.
우주란 계속 반복되는
세계인 것이죠.

① 암흑성운의 가스가 분자가스구름이 되면 자신의 중력으로 수축.
② 최후에는 중심부에서 열핵융합이 시작해 별이 생성됨.
③ 별이 태어난 암흑성운은 태어난 별이 방출하는 자외선으로
   중성 수소 가스가 전리돼 빛을 냄(방출성운).
④ 산광성운은 상당히 고온이 되며, 주위의 암흑성운을
   밀어내면서 팽창.
⑤ 이 과정에서 암흑성운에서는 연쇄적으로 별이 탄생.
⑥ 계속해서 태어난 별 집단이 산개성단을 만듦.
⑦ 산광성운을 빛내던 질량이 큰 별은 초신성 폭발로 일생을 마침.
⑧ 초신성 폭발의 충격파로 암흑성운이 날아가 확산.
⑨ 확산된 별의 재료가 다시 가스로 돌아감.

이봐! 못 들은 척 아빠를
무시하면 안 되지.
중요한 장래 이야기를
하러 왔는데.

18 은하의 원반부에 있는 산개성단

은하 다음으로 성단에 대해 이야기해 봅시다. 태양은 독립적인 별이지만, 우주에는 별이 집단으로 존재하는 장소가 있는데, 이것을 성단이라고 부릅니다.

별은 다수의 별이 동시에 태어나는 일이 많습니다. 그리고 별이 집단으로 탄생한 현장은 성단으로 관측됩니다. 은하계에는 2종류의 성단이 있는데, **산개성단**(open cluster)과 **구상성단**(globular cluster)이라 부릅니다. 각각에 대해 설명하겠습니다.

산개성단은 크기가 대략 수십 광년에서 수백 광년으로 100개에서 1만 개 정도의 별로 이루어져 있습니다. 덧붙이자면, 별의 수가 10개에서 100개 정도로 소규모인 것은 **성협**(association)이라고 부릅니다.

산개성단은 은하계의 원반부에 산재해 있고, 지금까지 1,500개의 산개성단이 발견되었습니다. 단, 이들은 은하원반 안에서도 태양계와 비교적 가까운 장소에서 발견되었습니다. 은하의 원반부에는 가스나 우주먼지가 많으므로 멀리 있는 성단은 빛이 흡수돼 지구에서는 볼 수 없습니다. 그래서 은하의 원반부에는 2만 개 이상의 산개성단이 있는 것은 아닐까 추정하고 있습니다.

우리은하와 같은 원반은하에는 **나선구조**가 있습니다(176쪽 참조). 나선 부분에는 별이 아주 많아서 나선이 없는 곳에 비해 밀도가 높아집니다. 따라서 별을 만드는 분자가스구름도 모이기 쉬워지므로 나선구조 부분에 성단이 많이 관측됩니다. 반대로 말하면, 성단의 분포를 조사하면 나선구조의 상태를 연구할 수 있다는 이야기입니다. 은하의 나선에 대해서는 6장에서 자세히 다루겠습니다.

어디의 누구신지 모르겠지만

제가 조사한 '성단' 자료 발표를 들어 주시겠어요?

그러니까 난 아빠다. 그리고 꿈같은 우주 이야기 따원 성인 남성에게는 필요 없어.

'성단'이란 말 그대로 별의 집단!

먼 옛날, 분자가스구름에서 동시에 탄생한 별들이 지금도 여전히 가까운 위치를 유지하고 있는 천체를 말합니다.

황소자리의 플레이아데스성단(M45)

(사진: 도쿄대학 천문학교육연구센터 기소관측소)

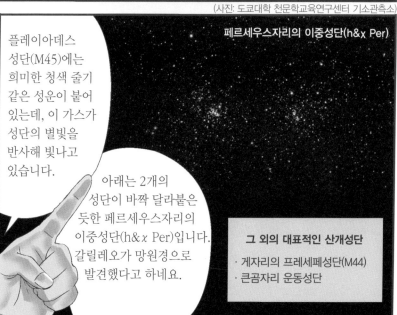

플레이아데스성단(M45)에는 희미한 청색 줄기 같은 성운이 붙어 있는데, 이 가스가 성단의 별빛을 반사해 빛나고 있습니다.

페르세우스자리의 이중성단(h&x Per)

아래는 2개의 성단이 바짝 달라붙은 듯한 페르세우스자리의 이중성단(h&x Per)입니다. 갈릴레오가 망원경으로 발견했다고 하네요.

그 외의 대표적인 산개성단
· 게자리의 프레세페성단(M44)
· 큰곰자리 운동성단

19 성단의 별이 흩어지는 이유

플레이아데스성단이나 이중성단은 그다지 별이 밀집해 있다고는 보이지 않습니다. 그래서 산개성단이라고 부르지만, 탄생했을 당시에는 더욱 밀집해 있었다고 여겨집니다. 플레이아데스성단이나 이중성단의 나이는 1억 년이 넘는데, 대마젤란성운을 조사해 보면 더욱 젊은 성단을 많이 관측할 수 있습니다. 오른쪽 그림은 그 예로, 'NGC 1850'이라고 부르는 성단입니다. 언뜻 보면, 다음 단락에서 다룰 구상성단처럼도 보입니다. 나이는 5,000만 년입니다. 오른쪽 아래에 작은 성단이 보이는데, 이 성단의 나이는 400만 년입니다.

이처럼 젊은 성단에는 별이 밀집해 분포하고 있습니다. 그러나 시간의 경과와 함께 산개성단은 붕괴합니다. 은하계의 은하원반은 약 2억 년 동안 한 바퀴 돕니다. 즉, 산개성단도 2억 년에 걸쳐 은하 중심 주변을 일주합니다. 그동안 비교적 질량이 큰 분자가스구름(태양 질량의 100만 배 정도)과 조우하기도 합니다. 그때 분자가스구름의 중력의 영향으로 성단 안에 있는 별이 뿔뿔이 흩어져 버리는 현상이 일어납니다. 성단이 은하 중심 주변을 몇 번 회전하면(약 10억 년), 대부분의 장소는 붕괴하고 맙니다. 그러면 비슷한 밝기의 별이 넓은 공간에 분포하게 됩니다. 사실 여러분 모두가 알고 있는 북두칠성은 붕괴한 성단의 흔적입니다.

황소자리에 있는 히아데스성단도 산개성단인데, 거리가 약 150광년으로 가까우므로 별이 상당히 흩어져 보입니다. 이 성단은 외뿔소자리 방향으로 초속 40 km로 이동하고 있습니다. 이 두 성단도 언젠가는 붕괴해 은하 안으로 섞여 갈 것입니다.

대마젤란운에 있는 산개성단
NGC 1850

(사진: HUBBLE SITE)

어라…?

이 성단은 아까 본 것보다 훨씬 많은 별이 밀집해 있는 것처럼 보이는데….

맞아요!

왜냐면 '대마젤란운'이나 '소마젤란운'은 산개성단과 구상성단의 중간적인 성질을 가지고 있거든요.

성단은 거대한 분자가스구름과 조우하면 중력의 영향을 받아 서서히 '뿔뿔이 흩어져' 갑니다.

즉, 성단은 해를 거듭할수록 숭숭 뚫려 붕괴해 버린다는 이야깁니다.

시간이 경과하면 별조차 서로 거리를 두기 시작한다라…. 흠흠.

※ 아빠는 다른 사람의 말에 영향을 잘 받는 타입.

20 은하와 동시대에 태어난 구상성단

구상성단은 이름 그대로 구형으로 별이 분포하는 성단입니다. 별의 수는 많으면 100만 개나 되며, 크기도 산개성단과 비교해 약간 커서 수백 광년이나 됩니다. 은하계에서 약 150개의 구상성단이 발견되었습니다. 구상성단의 가장 눈에 띄는 특징은 산개성단처럼 은하의 원반부에 자리한 게 아니라 반대로 원반을 피해 **은하를 감싸듯** 분포하고 있는 것입니다. 또 하나 중요한 특징은 **나이가 많다**는 점입니다. 대체로 125억 년입니다. 우주의 나이는 138억 년으로, 은하는 우주 나이가 수억 년일 때 태어났으므로 대략 130억 년입니다. 즉, **구상성단의 나이**는 은하의 **나이와 거의 같습니다.** 은하가 탄생했을 때쯤 태어나 현재까지 살아남아 있는 것입니다. 그래서 은하의 형성 메커니즘을 연구할 때 상당히 중요한 천체라 할 수 있습니다.

안타깝게도 구상성단이 어떻게 태어났는지는 아직 해명되지 않았습니다. 지금까지 제안된 아이디어는 다음과 같습니다.

① 은하의 씨앗이 태어나기 시작했을 때 밀도가 높은 가스의 중력이 불안정해지면서 생성되었다.

② 중력의 불안정성이 아니라, 열적인 불안정성으로 생성되었다.

③ 은하가 태어났을 때, 다수의 작은 은하가 합쳐지면서 밀도가 높은 가스 구름이 만들어져, 그 안에서 생성되었다.

한창 연구가 이루어지고 있지만, 무엇보다 형성 장소를 직접 관측할 수 없어서 결론이 나지 않습니다. 실은 저도 한 가지 형성 메커니즘을 논문으로 발표했습니다.

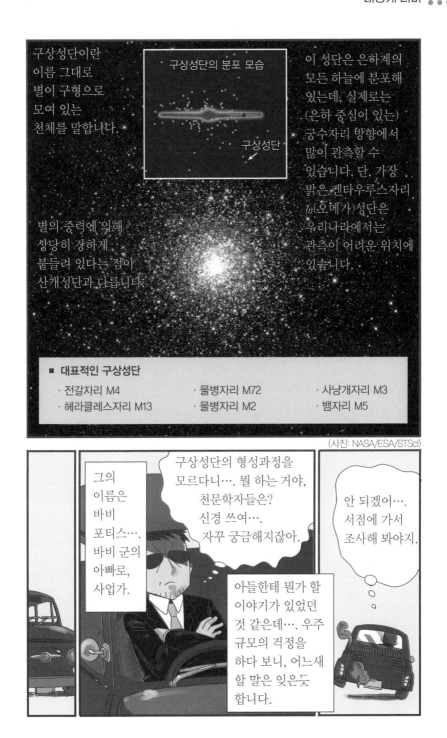

구상성단이란 이름 그대로 별이 구형으로 모여 있는 천체를 말합니다.

구상성단의 분포 모습

구상성단 ←

이 성단은 은하계의 모든 하늘에 분포해 있는데, 실제로는 (은하 중심이 있는) 궁수자리 방향에서 많이 관측할 수 있습니다. 단, 가장 밝은 켄타우루스자리 ω(오메가)성단은 우리나라에서는 관측이 어려운 위치에 있습니다.

별의 중력에 의해 상당히 강하게 붙들려 있다는 점이 산개성단과 다릅니다.

■ **대표적인 구상성단**
- 전갈자리 M4
- 헤라클레스자리 M13
- 물병자리 M72
- 물병자리 M2
- 사냥개자리 M3
- 뱀자리 M5

(사진: NASA/ESA/STScI)

그의 이름은 바비 포티스…. 바비 군의 아빠로, 사업가.

구상성단의 형성과정을 모르다니…. 뭘 하는 거야, 천문학자들은? 신경 쓰여…. 자꾸 궁금해지잖아.

안 되겠어…. 서점에 가서 조사해 봐야지.

아들한테 뭔가 할 이야기가 있었던 것 같은데…. 우주 규모의 걱정을 하다 보니, 어느새 할 말은 잊은듯 합니다.

▶ 저자가 주장한 구상성단의 형성 메커니즘

구상성단의 중요한 특징은 아래와 같습니다.

- 나이는 은하와 비슷한 정도로 많다.
- 은하를 감싸듯 분포하고 있다.

이 특징을 토대로 다음과 같이 예상할 수 있습니다.

- 구상성단은 은하의 탄생 후, 얼마 안 돼서 형성되었다.
- 구상성단의 형성은 은하 규모로 일어났다.

이 예상과 합치하는 메커니즘으로 제가 주장한 것이 '은하 초기의 대규모 별 생성에 따른 강한 우주폭풍(superwind)에 의한 구상성단의 형성 모델'입니다. 어렵게 들릴지도 모르지만, 그렇지 않습니다. 요점을 정리하면 아래와 같습니다.

- 은하 형성기에 대규모의 별 생성이 일어난다.
- 필연적으로 초신성 폭발이 폭발적으로 일어난다.
- 그 결과, 은하 안에 거센 바람이 분다(강한 우주폭풍).
- 슈퍼윈드는 은하계 안에 있는 가스를 바깥쪽으로 불어 날려버린다.
- 날아간 가스는 충격파로 압축돼 밀도가 높은 가스구름이 된다.
- 그중에서 중력이 불안정한 장소가 만들어져 구상성단이 형성된다.

살펴보니 아주 간단하죠.

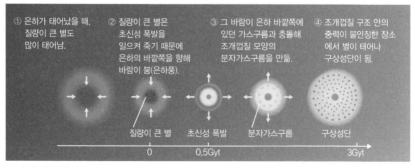

① 은하가 태어났을 때, 질량이 큰 별도 많이 태어남.
② 질량이 큰 별은 초신성 폭발을 일으켜 죽기 때문에 은하의 바깥쪽을 향해 바람이 붐(은하풍).
③ 그 바람이 은하 바깥쪽에 있던 가스구름과 충돌해 조개껍질 모양의 분자가스구름을 만듦.
④ 조개껍질 구조 안의 중력이 불안정한 장소에서 별이 태어나 구상성단이 됨.

질량이 큰 별   초신성 폭발   분자가스구름   구상성단

0   0.5Gyt   3Gyt

그림. 은하 초기의 대규모 별 생성에 따른 강한 우주폭풍에 의한 구상성단의 형성 모델

우리은하

Milky Way Galaxy

우리은하 안에 살고 있는 우리는
우리은하의 전모를 볼 수 없습니다.
그래도 지혜를 총동원해 우리은하를 이해해 봅시다.

1 밤하늘의 웅장한 무늬, 은하수

지금부터 은하수 이야기를 하려 합니다. 여름에 밤하늘을 올려다보면 은하수가 보입니다. 옛날 사람 눈에는 하늘에 강이 흐르고 있는 것처럼 보인 것일까요? 영어로는 'Milky Way'라고 하는데, 옛날 유럽 사람들 눈에는 우유가 흐르는 길처럼 보였나 봅니다. 은하수의 학술적 용어는 영어로 'the Galaxy'입니다. 'galaxy'는 은하 일반을 가리키는 말이지만, 은하수는 우리가 살고 있는 특별한 은하이므로 'the'를 붙이고 대문자 'G'를 사용합니다. 성서를 'the Book'이라고 하는 것과 같습니다.

'galaxy'는 그리스어 'Galaxias(우유)'에서 유래합니다. 우유에 대한 고대 유럽인의 강한 집착을 엿볼 수 있습니다.

중요한 것은 어느 나라든 은하수에 특별한 이름을 붙여 주었다는 점입니다. 예로부터 인간은 밤하늘을 바라보면서 '우리가 사는 세계(우주)는 어떻게 이루어져 있는 것일까?'라고 생각했습니다. 밤하늘에는 밝은 별(1등성 등)이나 행성 등이 눈에 띄는데, 웅장한 은하수 역시 특별하게 여긴 듯합니다.

은하수의 과학적 탐구라는 의미로 보면 유럽이 앞서나가고 있습니다. 17세기 초, 은하수의 정체에 대한 큰 진전이 있었습니다. 2장에서도 소개했듯 갈릴레오 갈릴레이는 자작한 구경 4 cm의 작은 망원경을 통해 처음으로 우주를 바라봤습니다. 그는 달과 행성뿐 아니라 은하수도 관찰했습니다. 그리고 구름처럼 보였던 은하수에 수많은 별들이 모여 있다는 사실을 발견했습니다. 즉, 갈릴레오는 은하수가 많은 별의 집단임을 알아낸 것입니다.

여름
밤하늘에는
은하수가 한층
더 눈에 띄네요.

은하수를
많은 별의 집단이라고
간파한 것은 갈릴레오였습니다.
같은 별이라도 떨어져 있거나
모여 있다….

그 현상에 의문을
가지고 은하로
가는 문을
연 것입니다.

갑자기 합숙이
하고 싶다니,
무슨 일 있어요,
선배?

그러니까….
갑자기
기운 좀
내 보려
고요!

활동 실태를
보고하지 않으면
언제 동아리 폐쇄
명령이 내릴지
모르니까
그러죠?

다 알고 있어요.
선배.

※ 옥상에서,
   여름 합숙 중.

힘내
세요,
선배.

2 은하수란 뭘까?

맑은 날 밤하늘에는 수많은 별이 보입니다. 일단 밤하늘을 빙둘러 살펴보면 어느 방향에서나 별이 보입니다. **등방성**(isotropy)이라고 부르는 성질때문입니다. 특별한 방향이 없어서 우리는 우주의 중심에 별이 있다고 착각합니다. 그러나 밤의 어둠에 눈이 익숙해지면 은하수가 또렷하게 보입니다. 특히 여름 밤하늘에 보이는 은하수는 장관입니다. 마치 구름처럼 보이는데, 그 정체를 파헤친 사람이 앞에서 이야기한 갈릴레오였습니다. 언뜻 보면 구름처럼 보이는 은하수는 사실 무수한 별들의 집합이었습니다.

은하수를 무시하면, 확실히 별은 어느 방향에서나 보입니다. 그러나 은하수 자체가 무수한 별의 집합이라면, 밤하늘에는 특별한 방향이 있다는 말이 됩니다. 게다가 별의 대집단은 강 혹은 띠처럼 보입니다. 대체 은하수는 어떤 구조로 되어 있을까요?

여기서 잠시 천체를 천구면에 투영해 보고 있는 모습을 상상해 보시기 바랍니다. 3차원의 세계를 2차원으로 투영하는 것입니다. 본래 은하수는 깊이가 있는 3차원 구조로 되어 있습니다. 은하수가 강이나 띠처럼 보이는 경우, 은하수의 3차원 구조는 어떻게 되어 있을까요?

또 하나, 은하수의 특징에도 주목할 필요가 있습니다. 은하수는 밝기가 똑같지 않습니다. 여름 밤하늘에서 **궁수자리** 쪽을 보면 은하수는 다른 방향보다 밝게 보입니다. 또한, 겨울 밤하늘을 보면 어두워서 눈에 띄지 않습니다. 강처럼 보이는 것과 그 특징을 고려하면 답이 보입니다.

우주의 구조는
어디를 보더라도
똑같아 보이는
'등방성'을
지니고 있을 터….

그런데도 우리
위치에서 보는
은하수는 분명
'이방성'을
나타낸단 말이죠.

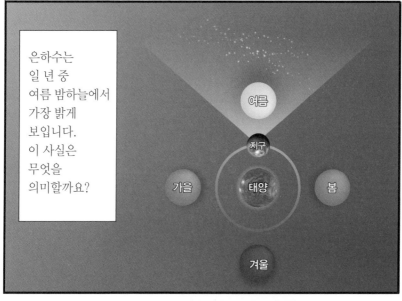

은하수는
일 년 중
여름 밤하늘에서
가장 밝게
보입니다.
이 사실은
무엇을
의미할까요?

여름

지구

가을   태양   봄

겨울

'여름' 밤하늘
방향에는
대체 무엇이
있는 걸까?

물론 은하수의
형태도 옛날부터
큰 의문이었을
거예요.

3 은하수의 구조가 특별한 이유

만약 우리가 우리은하 원반의 중심에 있다면 어떨까요? 은하수는 강처럼 보이지만, 강을 따라 어느 방향을 보더라도 비슷한 밝기로 보여야 합니다. 그러나 실제로는 다릅니다. 궁수자리 방향의 은하수가 가장 밝고 궁수자리와 멀어지면 점점 어두워집니다. 확실히 궁수자리와 반대 방향에 있는 겨울 하늘의 은하수는 그다지 눈에 띄지 않습니다. 이 관측 사실을 설명할 조건은 아래와 같습니다.

- 우리은하는 두께를 가진 원반 형태의 구조를 하고 있다.
- 우리는 원반의 끝부분에 살고 있다.

즉, 태양계는 별들의 세계에서 중심에 있지 않다고 할 수 있습니다.

인류는 처음에 지구가 우주의 중심이라고 생각했습니다. 지구 주변을 태양이나 행성 그리고 별들이 돌고 있다고 생각한 것입니다(천동설). 그런데 니콜라우스 코페르니쿠스(1473~1543년)가 제창한 지동설이 옳았습니다. 바로 '코페르니쿠스적 전환(사물을 보는 관점이 완전히 바뀌는 것)'입니다.* 그러나 여전히 태양이 우주의 중심이라고 생각했습니다. 그런 관점은 18세기가 되어도 남아 있었습니다.

갈릴레오도 태양계가 우리은하의 끝에 있다는 사실을 인식했는지 아닌지 알 수 없습니다. 그러나 그의 관측이 은하수를 이해하는 데 매우 중요한 의미를 지닌 점은 확실합니다. 그 후 많은 연구자가 은하수를 해명하는 데 도전해, 우리가 살고 있는 우리은하의 형태와 크기를 알아 왔기 때문입니다.

---

* 이 말 자체는 코페르니쿠스가 하지 않았습니다. 독일의 철학자 임마누엘 칸트(1724~1804년)가 자신의 철학(인식론)을 설명하면서 사용한 언어입니다.

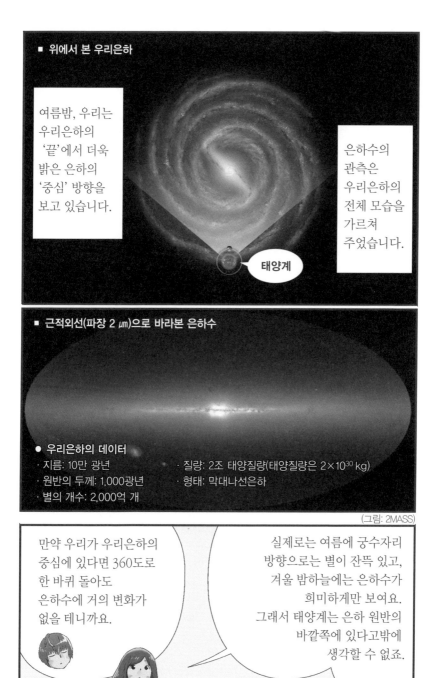

■ 위에서 본 우리은하

여름밤, 우리는 우리은하의 '끝'에서 더욱 밝은 은하의 '중심' 방향을 보고 있습니다.

은하수의 관측은 우리은하의 전체 모습을 가르쳐 주었습니다.

태양계

■ 근적외선(파장 2 ㎛)으로 바라본 은하수

● 우리은하의 데이터
· 지름: 10만 광년
· 원반의 두께: 1,000광년
· 별의 개수: 2,000억 개
· 질량: 2조 태양질량(태양질량은 2×10^{30} kg)
· 형태: 막대나선은하

(그림: 2MASS)

만약 우리가 우리은하의 중심에 있다면 360도로 한 바퀴 돌아도 은하수에 거의 변화가 없을 테니까요.

실제로는 여름에 궁수자리 방향으로는 별이 잔뜩 있고, 겨울 밤하늘에는 은하수가 희미하게만 보여요. 그래서 태양계는 은하 원반의 바깥쪽에 있다고밖에 생각할 수 없죠.

4 태양계의 위치를 찾아볼까요?

현재 다양한 방법으로 지구에서 보이는 은하수의 별의 위치와 운동 속도를 정밀하게 측량하고 있습니다. 별의 위치를 구할 때 방향은 금방 특정할 수 있지만, 거리 측정이 어렵습니다. 연주시차 칼럼(90페이지)에서 삼각측량에 관해 설명했는데, 지구와 태양의 거리는 정해져 있으므로 측정할 수 있는 별의 거리는 한계가 있습니다. 따라서 정밀도를 높이려면 가능한 세밀한 구조가 보이도록 영상 관측(imaging observation)할 필요가 있습니다. 극히 짧은 별의 이동 거리를 측정하기 위해서입니다.

현재는 위치천문관측위성을 쏘아 올려 대기권 밖에서 관측하고 있습니다. 또한, 가시광선은 우주먼지 흡수에 따른 영향을 받으므로 원반부에서 멀리 떨어진 별은 관측할 수 없습니다. 이를 극복하려면 흡수의 영향을 거의 받지 않는 전파로 관측해야 하며, 목표는 전파로 밝게 빛나는 '전파별'입니다. 일본의 국립천문대에서는 'VERA*'라고 부르는 전파간섭계 시스템을 이용해 은하수의 지도 제작 여행을 다녀왔습니다. 그 결과, 태양계는 은하계 중심에서 2만 6,100광년 떨어진 장소에 있고 초속 240 km로 우리은하 중심의 주위를 돌고 있다는 사실을 알게 되었습니다. 그럼 태양계는 우리은하 중심 주위를 어느 정도의 시간에 걸쳐 돌고 있는 것일까요? 반지름 R의 원둘레는 $2\pi R$이므로 계산해 보면 원둘레는 1.55×10^{18} km가 됩니다(1광년은 9.46×10^{12} km). 이 거리를 초속 240 km로 진행하면 6.46×10^{15}초입니다. 1년은 약 3,000만 초이므로 2.1억 년이라는 답이 나오고, 태양이 태어난 후 46억 년 경과했으므로 이미 22바퀴나 돌고 있습니다.

---

* VERA: VLBI Exploration of Radio Astrometry(초장기선 전파간섭계를 편성한 전파에 의한 정밀 위치 측정)

142

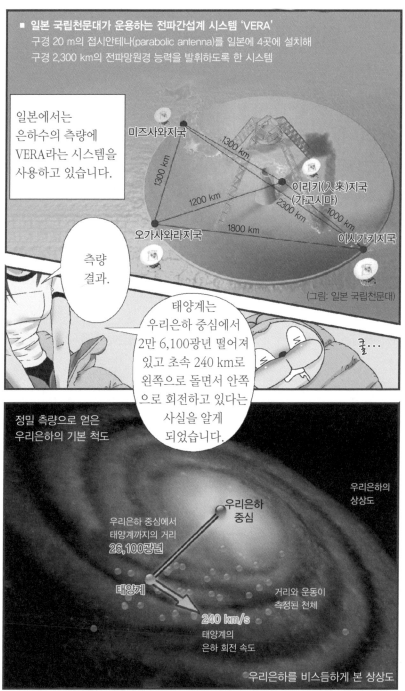

(그림: 일본 국립천문대)

5 위에서 본 우리은하

우리는 우리은하의 원반 속에 살고 있으므로, 아쉽지만 우리은하를 위에서 내려다볼 수는 없습니다. 몇 개의 소용돌이 구조가 있다는 사실을 알고 있으니 만약 우리은하를 내려다본다면, 틀림없이 절경일 것입니다.

그런 우리의 꿈을 이뤄준 것이 은하 원반 속을 운동하고 있는 성간가스(interstellar gas)의 정보입니다. 성간가스에는 원자가스, 분자가스, 플라즈마 등 다양한 상태의 가스가 있습니다. 이 중에서 중성수소원자나 분자가스는 전파영역에서 강한 스펙트럼선을 뿜어내기 때문에 성간가스의 운동 상태를 조사하는 데 적합합니다. 전파로 관측하기 때문에 이미 이야기했듯, 우주먼지 흡수에 따른 영향을 받지 않습니다. 덕분에 우리은하 중심 건너편에 있는 가스의 운동 상태도 알 수 있습니다.

성간가스는 우리은하의 질량 분포를 반사해 운동하고 있습니다. 컴퓨터로 가상의 은하계를 만들어 질량 분포를 다양하게 바꿔 보면 은하 원반의 성간가스가 어떻게 운동하는지 알 수 있습니다. 이렇게 해서 성간가스의 운동을 가장 잘 재현할 수 있는 실제 질량 분포를 탐지해낼 수 있습니다. 그 결과, 얻은 은하계의 모습이 오른쪽 그림으로, 중앙 아래쪽의 이중 원이 태양계의 위치입니다. 은하계의 원반에는 역시 소용돌이가 여러 개 있습니다. 중앙부가 밝은데, 약간 세로 방향으로 늘어난 구조로 되어 있습니다. 막대구조(rodding structure)라고 부르는 구조입니다. 예상대로 우리은하는 아름다운 막대나선은하임을 잘 알 수 있습니다.

이것이
우리은하
전체의
모습입니다.

■ **우리은하를 바로 위에서 본 예상도**
우리은하의 질량 분포를 반사해 운동하는 성간가스를
모든 파장대에서 관측해, 그 움직임과 가까운 모델을
시뮬레이션으로 재현함.

태양계의 위치

(그림: 바바 준이치(馬場淳一))

아니, 혼자서
관측하고 있는 동안
쭉 그랬던 거예요.

하지만
바비 군이
들어와 줘서, 함께 먼 세계를
조사해보니 처음으로
나를 우주의 끄트머리에
둘 수 있게 되었어요.
…정말 고마워요.

어렸을 때는
마치 내가
우주의 중심에
있는 것
같았어요.

6 다양한 전자기파 영역에서 본 우리은하

천체를 여러 가지 파장으로 보는 것이 얼마나 중요한지는 지금까지 계속 전해드렸습니다. 지금부터는 우리은하를 여러 가지 파장으로 관찰하려 합니다. 오른쪽 그림은 위에서부터 다음과 같은 순서로 줄지어 있습니다.

① 전파(8.4 GHz = 파장 3.6 cm)

② 전파(파장 21 cm의 중성수소원자가스의 방출선)

③ 전파(2.7 GHz = 파장 11.1 cm)

④ 전파(H_2)

⑤ 원적외선(파장 60 μm)

⑥ 근적외선(파장 2 μm)

⑦ 가시광선(0.5 μm)

⑧ X선(2 keV: 킬로전자볼트(Kilo electron Volt))

⑨ 감마(γ)선

　모든 파장대에서 은하가 보이는데, 우리은하 안에 있는 별이나 가스가 빛나고 있기 때문입니다. 별은 표면온도가 수천℃에서 수만℃이므로 근적외선, 가시광선, 자외선의 파장대로 관측할 수 있는 열복사를 합니다. 한편, 가스는 온도나 밀도에 따라 다양한 전자기파를 방출합니다. 차가운 가스는 주로 전파를 방출하지만, 온도가 높아짐에 따라 파장이 짧은 X선도 방출합니다. 즉, 어느 파장대에서 밝게 빛나는지 조사하면, 어떤 성질을 가진 가스인지 알 수 있습니다. 반대로 말해 특정 파장대만 조사하면, 은하의 성질을 정확하게 이해할 수 없습니다. 모든 파장대에서 관측해야 은하를 올바르게 이해할 수 있는 길로 연결됩니다.

■ 여러 가지 파장으로 바라본 은하계의 모습

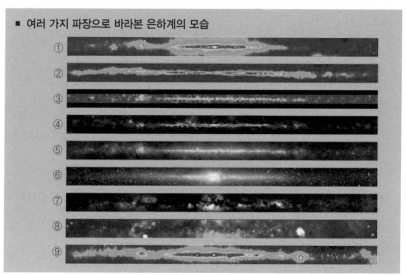

(NRAO에서 제공한 그림을 편집)

■ 전자기파의 명칭과 파장(주파수)과의 관계

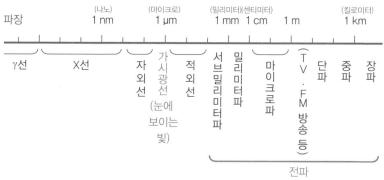

147

7 우리은하 중심에는 무엇이 있을까?

우리은하의 중심은 은하중심핵이라고 부릅니다. 중심은 대체로 특별한 장소입니다. 무엇보다 반지름이 '0'인 장소이기 때문입니다. 누구라도 관심을 가질 수밖에 없습니다. 그런데 은하계의 중심을 보는 것은 상당한 난제입니다. 우주먼지 흡수의 영향으로 가시광선으로는 거의 볼 수 없기 때문입니다. 파장이 긴 근적외선으로 봐도 명백하지 않습니다. 그러나 근적외선으로 열심히 관측하면 우리은하 중심 영역에 있는 별이 보입니다. 유럽 남부천문대(European Southern Obs.)에서는 그 어려운 관측을 끈기 있게 지속해 중심핵 주변을 도는 별의 궤도 운동을 조사하는 데 성공했습니다. 관측된 별은 그림에 나타낸 것뿐만이 아닙니다. 10개가 넘는 별의 궤도 운동을 자세히 조사했습니다(그림에 표시한 별들은 모두 궤도 운동을 조사하고 있다). 그 결과, 알아낸 사실은 충격적이었습니다. 우리은하 중심부에는 거대질량 블랙홀이 있다는 사실입니다. 질량은 태양의 410만 배입니다. 이 블랙홀이 없으면 관측한 별들의 궤도 운동을 설명할 수 없습니다. 그런데 이 블랙홀의 지름은 겨우 1,230만 km입니다. 지구와 태양의 거리가 1억 5,000만 km인데, 이것보다 훨씬 작습니다.

최근 가까운 우주의 은하 중심부를 조사해 보니, 대부분의 은하 중심부에는 거대질량 블랙홀이 있었습니다. 가장 무거운 블랙홀의 질량은 태양의 100억 배입니다. 작은 은하 1개에 해당하는 질량입니다. 나중에 소개할 대마젤란운의 질량과 비슷한 정도라고 하니, 놀라울 뿐입니다.

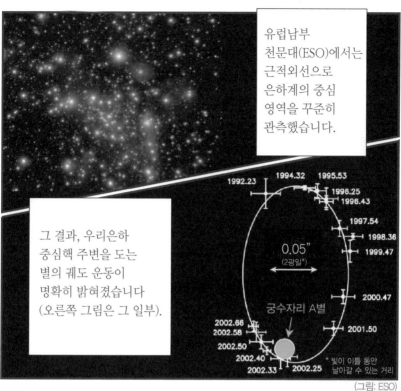

유럽남부 천문대(ESO)에서는 근적외선으로 은하계의 중심 영역을 꾸준히 관측했습니다.

그 결과, 우리은하 중심핵 주변을 도는 별의 궤도 운동이 명확히 밝혀졌습니다 (오른쪽 그림은 그 일부).

1992.23 1994.32 1995.53
1996.25
1996.43
1997.54
1998.36
1999.47
0.05"
(2광일*)
궁수자리 A별
2000.47
2002.66
2002.58
2002.50
2002.40
2001.50
2002.33 2002.25
* 빛이 이틀 동안 날아갈 수 있는 거리

(그림: ESO)

이 데이터는 '우리은하 중심에 무엇이 있는 걸까?'라는 물음에 답을 주었습니다.

그 정체는 놀랍게도 태양의 410만 배라는 초거대질량 블랙홀이었습니다.

초거대질량 블랙홀이 어떻게 태어났는지는 아직 모르지만….

바비 군, 자요?

149

8 빛나는 블랙홀?

가시광선으로는 전혀 보이지 않는 우리은하 중심 영역이지만, 전파나 X선으로 보면 빛나고 있습니다. 물론 거대질량 블랙홀 그 자체는 모든 전자기파를 방출하지 않기 때문에 검은색으로밖에 보이지 않습니다. 그런데 강력한 중력으로 주변에 있는 물질을 삼킵니다. 그때 중력발전이 일어납니다.

우리 인류가 최초로 실용화한 발전은 중력발전인 수력발전이었습니다. 강을 막고 댐에 모은 물을 지구의 중력을 이용해 떨어뜨립니다. 그때 물이 가지고 있던 위치에너지가 운동에너지로 바뀌어 터빈을 돌립니다. 이런 식으로 우리는 전기를 얻어 왔습니다.

블랙홀 덕분에 중력발전은 우주에서 가장 효율이 좋은 발전 방법이 되었습니다. 별의 중심부에서 일어나고 있는 열핵융합보다 10배 이상의 고효율로 발전할 수 있다고 합니다. 중력발전으로 블랙홀 주변에 있는 가스가 강렬한 빛을 방사합니다. 즉, 블랙홀은 빛나지 않지만, 블랙홀 덕분에 주변이 빛나는 것입니다.

우리은하 중심핵의 영역을 X선으로 관측하면, 밝게 빛나 보입니다. 100만℃에 달하는 고온의 플라즈마가 많기 때문입니다. 전파로 보면 작은 소용돌이 구조가 보이는데, 주위의 플라즈마가 소용돌이를 그리며 거대 블랙홀로 빠지는 모습을 포착할 수 있습니다. 궁수자리 A별이라는 이름의 전파원입니다. 이 중심에 태양 질량의 410만 배에 달하는 초거대질량 블랙홀이 숨어 있습니다. 우리은하 중심에 있는 초거대질량 블랙홀이지만, 의외로 얌전한 편이라고 합니다. 초거대질량 블랙홀로 빠지는 가스의 양이 그렇게 많지 않기 때문입니다.

X선으로 본
은하계 중심 영역

블랙홀…
그 자체는
빛나지
않습니다.

물질을 삼킬 때의
중력발전으로
주위의 가스를
빛내기 때문에
빛나 보이는
것입니다.

파장 6 cm(주파수 5GHz)의 전파로
본 은하계 중심에 있는 전파원,
궁수자리 A별. 그림은 사방으로
100광년 크기에 해당함.

(그림: VLA)

(그림: NASA/CXO)

■ 은하계 중심에 있는 초거대질량 블랙홀을 향해
　빠지는 가스구름(매년 이동해 가는 모습을 볼 수 있음.)

2002

2007

2011

(그림: ESO)

역시
감동!

좋~아.
더 열심히
할 거예요!

은하에
맹세하는데,
천문 동아리는
무너지지
않아요! 절대!

151

그런데 얼마 전 초거대질량 블랙홀로 빠지는 가스구름이 발견되었습니다. 'G2'라고 이름 붙은 가스구름입니다.

G2는 이미 초거대질량 블랙홀의 조석력(tidal forces, 은하나 블랙홀을 포함한 천체끼리 끌어당기는 힘-역주)의 영향을 받아, 길게 늘어난 형태를 한 것을 알 수 있습니다. 2013~2014년에 걸쳐 초거대질량 블랙홀 주변을 스치고 날아가듯 빠져나가리라 예상합니다. 이때 중력발전이 일어나므로, 전파나 X선이 밝게 빛나는 것을 기대하고 있습니다.

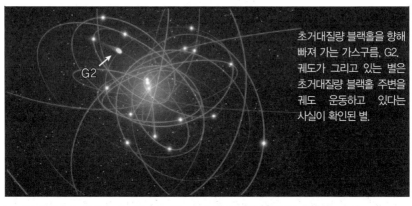

초거대질량 블랙홀을 향해 빠져 가는 가스구름, G2. 궤도가 그리고 있는 별은 초거대질량 블랙홀 주변을 궤도 운동하고 있다는 사실이 확인된 별.

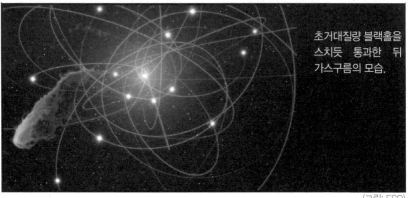

초거대질량 블랙홀을 스치듯 통과한 뒤 가스구름의 모습.

(그림: ESO)

CHAPTER 6

우리은하 너머

Outside of the Galaxy

우리은하 너머로 가보면 아름다운 은하의 세계가 펼쳐집니다.
은하의 세계로 여행을 떠나 봅시다.

1 우리은하의 위성은하, 대마젤란은하와 소마젤란은하

지금부터 우리은하 바깥쪽으로 나가 봅시다. 바로 눈에 띄는 것은 우리은하의 위성은하(Satellite galaxy)로 여겨지는 대마젤란성운과 소마젤란성운입니다. 거리는 각각 16만 광년과 20만 광년으로 두 은하는 LMC(Large Magellanic Cloud)와 SMC(Small Magellanic Cloud)라고 줄여 부르기도 합니다.

LMC의 질량은 우리은하의 $\frac{1}{10}$, SMC는 $\frac{1}{100}$밖에 안 되며, 불규칙한 형태를 한 작은 은하입니다(왜소불규칙은하(Dwarf Irregular Galaxy)라고 부른다). 두 은하의 눈에 띄는 특징은 가스의 양이 상당히 많다는 점입니다. 우리은하처럼 충분히 성장한 큰 은하에서는 별의 질량에 비해 가스의 양은 1% 정도밖에 안 됩니다. 그런데 LMC와 SMC는 가스가 별의 질량의 4% 정도나 됩니다. 이 가스는 중성수소가스나 분자가스에서 생성되므로 이렇게 다량의 차가운 가스가 있으면 별이 태어나기 쉬운 환경이라고 할 수 있습니다. 실제로 관측해 보면 왕성하게 별이 태어나고 있는 영역이 잔뜩 발견됩니다. 이것이 두 은하의 가장 큰 특징입니다.

위성은하인 LMC와 SMC는 지금까지 여러 번 우리은하 주변을 돌았고 앞으로도 그럴 것으로 추정하고 있습니다. 그리고 그동안 우리은하와 합병해 사라져 버릴 운명이라고 알려져 있었습니다. 그런데 최근 LMC와 SMC가 어쩌면 가끔 우리은하 가까이 통과하는 은하일지도 모른다는 설이 제기되었습니다. 이 주장에는 몇 개의 근거가 있습니다.

① 허블우주망원경으로 LMC와 SMC의 측면 움직임(접선속도)을 조사해 보니, 생각한 것보다 빠른 속도로 운동하고 있다는 사실을 알게 되었습니다. 그렇다면 우리은하의 중력을 뿌리치고 도망칠 수 있다는 것이지요.

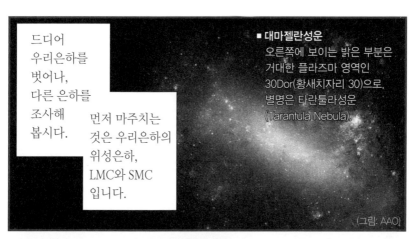

드디어 우리은하를 벗어나, 다른 은하를 조사해 봅시다.

먼저 마주치는 것은 우리은하의 위성은하, LMC와 SMC 입니다.

■ 대마젤란성운
오른쪽에 보이는 밝은 부분은 거대한 플라즈마 영역인 30Dor(황새치자리 30)으로, 별명은 타란툴라성운 (Tarantula, Nebula).

(그림: AAO)

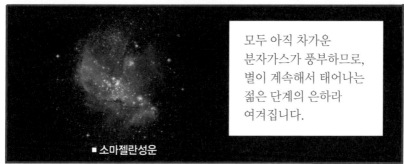

■ 소마젤란성운

모두 아직 차가운 분자가스가 풍부하므로, 별이 계속해서 태어나는 젊은 단계의 은하라 여겨집니다.

(그림: NASA/ESA/STScI)

차가운 분자가스가 매우 많은 은하.

실은 이것이 하나의 의문을 낳았습니다.

'LMC는 정말 우리은하의 위성은하인 걸까?'

라는 의문이죠.

극비

그래요!

바로 그거예요!

벽밀치기

② LMC와 SMC에는 중성수소가스 꼬리가 있는데, **마젤란 흐름**(Magellanic Stream)이라고 부릅니다. 이 마젤란 흐름은 우리은하의 조석력으로 만들어졌다고 생각해 왔지만, 그것이 아니라 LMC와 SMC끼리의 조석 상호작용으로 충분히 설명할 수 있습니다.

③ 원래 가스가 많은 위성은하가 지금까지 그 상태를 유지하고 있는 것이 이상합니다. 우리은하와의 상호작용으로 과거부터 계속해서 별이 태어났을테니, 가스가 남아 있지 않아야 이치에 맞는데 말입니다. 실제로 안드로메다은하의 위성은하에는 대부분 가스가 남아 있지 않습니다.

듣고 보니 '과연 그렇구나'라는 생각이 듭니다. LMC와 SMC의 실제 운동 속도를 정확하게 측정하기란 어려우므로, ①은 아직 확인이 필요한 문제입니다. 왜 어려우냐면 천구면에 따른 방향의 속도(접선속도)를 측정해야 하기 때문입니다. 시선속도는 간단히 측정할 수 있지만, 실제 운동 속도를 평가하려면 접선속도의 정보 없이는 불가능합니다. LMC와 SMC의 접선속도를 측정하려면 LMC와 SMC의 별들이 천구면 위를 어떻게 움직이는지 조사해야 합니다.

예를 들어 어느 날 밤에 관측을 하고 1년 후에도 다시 관측을 합니다. 두 결과를 비교해, 1년 동안 LMC와 SMC 안의 별들이 어느 정도 움직였는지 측정합니다. 이 운동을 **고유운동**(proper motion)이라고 합니다. LMC와 SMC까지의 거리는 알고 있으므로 움직인 각도를 측정하면 접선속도를 추정할 수 있습니다. 원리는 간단하지만, 움직인 각도가 매우 작기 때문에 측정하기 어렵습니다. 지상의 망원경이 아니라 허블우주망원경을 사용하는 이유는 더 정확히 별의 움직임을 볼 수 있기 때문입니다.

LMC와 SMC는 정말 우리은하의 위성은하인 걸까?

즉, '우리은하의 중력에 묶여 있는 걸까?'라는 의문이네요.

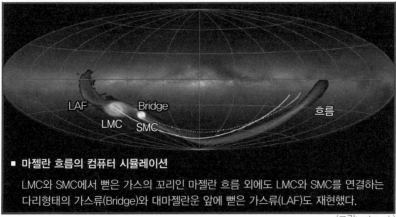

- **마젤란 흐름의 컴퓨터 시뮬레이션**
  LMC와 SMC에서 뻗은 가스의 꼬리인 마젤란 흐름 외에도 LMC와 SMC를 연결하는
  다리형태의 가스류(Bridge)와 대마젤란운 앞에 뻗은 가스류(LAF)도 재현했다.

(그림: astro–ph)

LMC와 SMC 에서 뻗은 가스 '꼬리'의 기원을 조사한 최신 시뮬레이션. 그리고 앞에서 이야기한 분자가스의 양.

모두 '우리은하 중력의 영향이 그다지 크지 않았던 건 아닐까?' 하는 근거가 되었습니다.

즉, LMC와 SMC는 은하계에 묶이지 않고 단순히 가까이 있을 뿐인 소은하일지도 몰라요.

호~응

2 우리은하와 가장 가까운 은하, 안드로메다은하

우리은하 옆에 있는 **안드로메다은하**를 알아봅시다. 메시에의 성운·성단 목록 31번에 등록되어 있어서 'M31'이라고 부릅니다. 우리은하와 안드로메다은하의 크기는 대략 10만 광년*이고, 서로의 거리는 250만 광년입니다. 만약 각각의 크기가 1 m라고 하면 서로의 거리는 25 m밖에 떨어져 있지 않습니다. 이웃 은하는 의외로 가까이에 있습니다.

안드로메다은하는 우리은하와 마찬가지로 전형적인 원반은하입니다. 중심에 가까운 곳에는 별이 더욱 많아서 원반의 바깥쪽에 비해 유달리 밝은 영역이 있는데, **팽대부**(bulge)라고 부르는 구조입니다('bulge'는 '부풀다'는 뜻). 팽대부 안에 있는 별이 원반에 있는 별보다 옛날에 태어났음을 알 수 있습니다.

은하에는 중심핵이라고 부르는 부분이 있고 그곳에는 우리은하와 마찬가지로 초거대질량 블랙홀이 존재합니다. 이 은하의 질량은 태양질량의 1.5조 배나 됩니다.

또한, 은하 전체를 에워싼 **은하헤일로**(galactic halo)라고 부르는 구조도 있는데, 사진으로는 볼 수 없습니다. 헤일로는 안드로메다은하를 완전히 에워쌀 정도의 크기로, 주성분은 **암흑물질**입니다. 암흑물질은 미지의 소립자일 가능성이 높지만, 아직 정확하게 해명되지 않았습니다.

안드로메다은하의 운명에 대해서는 이 장 마지막에 다시 이야기하겠지만, 극적인 운명이 기다리고 있습니다.

---

* 안드로메다은하의 정확한 크기는 13만 광년으로 우리은하보다 약간 크다.

- **안드로메다은하(M31)**

슬로언 디지털 스카이 서베이(Sloan Digital Sky Survey, 천문학 분야에서 지금까지 탐험한 우주의 영역보다 수백 배나 큰 체적을 통해, 하나의 전체상으로 물질의 3차원적인 분포를 지도화하려는 계획–역주)로 발견한 안드로메다은하 주변에 퍼진 별들, 좌측 화살표로 표시한 장소에는 별이 집단으로 존재하는 '클럼프(clump)' 구조가 보인다. 각도의 크기를 비교하기 위해, 오른쪽에 보름달을 표시했다.

클럼프

만월

팽대부

은하 원반

위성은하 M32.

위성은하 NGC205

다음은 우리은하 옆에 있는 안드로메다은하 입니다.

최근 우리은하와 안드로메다은하의 다양한 차이가 발견되었습니다.

	안드로메다은하	우리은하
분류	나선은하※	막대나선은하※
지름	13만 광년	10만 광년
팽대부	쌍성의 초거대질량 블랙홀이 있으며, 가스나 암흑물질이 매우 적다.	단일 블랙홀

※은하의 분류는 이 뒤에 소개합니다.

(그림: SDSS)

3 안드로메다은하의 역사를 엿보다

안드로메다은하는 육안으로 봐도 밝고 큰 은하입니다. 겉보기크기는 3도나 됩니다. 태양이나 달의 겉보기크기가 0.5이므로, 안드로메다은하는 그 6배라는 뜻입니다. 안드로메다은하는 전체적으로 기울어진 형태를 하고 있는데, 안드로메다은하에 합병된 위성은하의 영향이 남아 있기 때문입니다.

정말 과거에 안드로메다은하가 위성은하를 삼킨 걸까요? 결정적인 증거가 있는데, 바로 **안드로메다 흐름**(Andromeda Stream)이라고 부르는 구조입니다. 은하 본체와 비교하면 상당히 희미한 구조이므로 최근에 발견되었습니다. 안드로메다 흐름은 돌기 같은 구조를 하고 있어 깨끗한 안드로메다은하에는 어울리지 않는다고 할 수 있습니다. 어떻게 이런 불가사의한 구조가 생기는 것일까요? 가장 가능성이 높은 답은 작은 은하가 합병하는 것입니다. 안드로메다 흐름의 기원을 조사하기 위해 실시한 컴퓨터 시뮬레이션의 결과를 토대로 태양 질량의 10억 배밖에 안 되는 작은 위성은하가 삼켜졌다고 추정하고 있습니다. SMC보다 10배나 가벼운 은하입니다.

시뮬레이션에서 위성은하는 안드로메다은하의 중심 부근으로 낙하해, 강한 조석력으로 파괴되었습니다. 파괴된 부분에 있던 별 중 크게 가속된 것이 있는데, 이것이 흐름 구조로 보이는 것입니다. 그러나 앞으로 수억 년만 지나면 흐름 구조도 무너져 안드로메다은하 전체를 둘러싼 잔해가 될 것입니다.

(그림: 모리 마사오(森正夫))

이 은하도 뭔가 이상한 게 튀어나와 있다.

'안드로메다 흐름'입니다.

은하헤일로라고 부르는 영역에서 예전에 위성 은하가 병합한 흔적으로 보이는 항성 흐름이 발견되었습니다.

아래와 같은 시뮬레이션으로 재현되었죠.

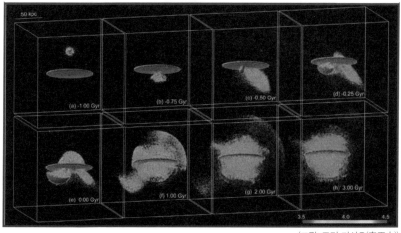

(그림: 모리 마사오(森正夫))

161

4 은하의 세계를 분류한 허블

드디어 은하들의 세계로 들어가 봅시다. 은하의 형태는 다양한데, 그 다양한 은하를 잘 정리해 놓은 것이 은하의 **허블 분류**(Hubble's classification)입니다. 이 분류를 제안한 에드윈 허블은 미국의 천문학자로, 현대 천문학의 문을 열었다고 해도 좋을 만큼 위대한 사람입니다. 그럼 허블은 은하를 분류해 무엇을 알려고 한 것일까요? 바로 은하의 기원과 진화의 탐지입니다.

은하의 형태는 그 안에 있는 별들의 공간 분포를 반영합니다. 별들은 은하 속에서 약간의 속도를 가지고 운동하므로, 시시각각 그 장소를 바꿔 갑니다. 이러한 별들의 위치나 운동은 은하 전체의 질량 분포에 지배당하고 있습니다. 따라서 더 근본적인 문제는 왜 그런 형태(질량 분포)인지, 그것이 어떻게 변하는지(역학적인 진화의 계열)에 관한 답이었습니다.

오른쪽 그림에는 허블이 직접 그린 그림과 실제 은하를 함께 표시했습니다. 이것을 보면 왼쪽의 구형에서 타원까지의 한 무리와 거기서 두 갈래로 나뉜 소용돌이 모양, 두 계열이 있습니다. 같은 소용돌이를 가진 은하라도 위쪽은 안드로메다은하처럼 은하 중심까지 여행하는 **나선은하**이며, 아래쪽이 앞 장에서 설명한 은하 중심에 막대 형태의 구조가 있는 **막대나선은하**라는 차이가 있습니다. 이 두 계열 모두 소용돌이 모양의 원반이 있으므로, **원반은하**로 총칭합니다. 한편 왼쪽에 그려진 한 무리는 원반이 없는 것이 특징으로, **타원은하**라고 부릅니다. 각각의 차이는 어느 정도 납작한지를 나타낸 편평률(flattening)입니다. 그런데 최근 관측기술의 진보에 힘입어 타원은하의 새로운 특징이 밝혀졌습니다.

그럼 허블 분류에 따른 은하의 형태를 알아보겠습니다.

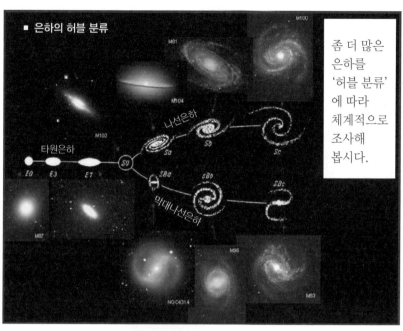

■ 은하의 허블 분류

좀 더 많은 은하를 '허블 분류'에 따라 체계적으로 조사해 봅시다.

미국의 천문학자 에드윈 허블은 위대한 사람입니다.

그림처럼 많은 은하를 알기 쉽게 분류해 주었죠.

당시에는 형태가 다른 은하여도 진화라는 형태로 왼쪽에서 오른쪽으로 연결돼 있다고 생각한 모양이에요.

당신, 누구야?

5 심심해 보이는 타원은하

타원은하(elliptical galaxies)는 둥근 형태에서 약간 평평한 것까지 1차원의 계열로 분류하고 있습니다. 가까이 있는 우주를 바라보면 약 2%가 타원은 하입니다. 현재 우주에서는 타원은하도 은하의 중요한 한 가지 부류임은 틀림없습니다.

타원은하가 지닌 겉보기형태의 편평률을 소개합니다. 장축과 단축의 크기를 a, b라고 하면 편평률 e는 다음과 같이 정의됩니다.

$$e = \frac{(a - b)}{a}$$

$b = a$라면 $e = 0$이 되어 원이 됩니다. $b = 0.5a$면, $e = 0.5$로 상당히 편평한 타원이 됩니다.

허블은 타원은하의 편평률이 $e = 0.7$(E7이라고 부른다) 정도일 것이라고 생각했습니다. 즉, $b = 0.3a$ 이상이면 타원과 구별할 수 없고 역학적으로 봐도 회전타원체인지 타원인지 판정하기 어렵다고 생각했기 때문입니다. 허블은 편평률에 10배인 수치를 'E' 다음에 붙여 타원은하의 형태를 계열화했습니다. 원처럼 보이는 타원은하는 E0, 가장 편평한 타원은하는 E7입니다.

타원은하의 진짜 형태에 대해서는 다음 단락에서 고찰하겠지만, 3차원적인 구조는 일반적으로 '**회전타원체**'라고 부릅니다. 이는 타원을 휙 한 바퀴 돌린 구조입니다(원을 한 바퀴 돌리면 구가 된다). 타원은하를 나타내는 데 'E'라는 기호를 사용한 이유는 타원은하를 영어로 'elliptical galaxies'라고 부르기 때문입니다. 역사적으로 봤을 때 천문학은 구미에서 발전했기 때문에 용어나 약어는 주로 영어가 기본입니다.

겉보기의 편평률이 0.7 이하인 은하를.

'타원은하'라고 합니다.

$$타원의 편평률\ e\ =\ \frac{(a-b)}{a}$$

타원 성운(elliptical nebulae)

E0   E3   E7

편평률이 0.7인 것을 'E7'로 기호화해서….

모든 납작한 은하를 이런 식으로 계열화했지.

165

6 의외로 수상한 타원은하

앞에서는 타원은하를 겉보기형태로 분류했는데, 실제 타원은하는 어떤 구조로 이루어져 있을까요? 예를 들어, E0의 타원은하는 둥글게 보이지만, 3차원 구조로 전환하면 어떨까요? 구와 같은 형태라면 문제가 되지 않습니다. 그런데 타원은하의 형태는 실루엣 같아서 진짜 모습을 특정하기가 의외로 어렵습니다.

예를 들어, 축구공은 어느 방향에서 봐도 원으로 보입니다. 그런데 럭비공은 회전축 방향에서는 원으로 보이고 옆에서 보면 약간 눌린 타원형으로 보입니다. 단팥빵처럼 납작한 경우, 옆에서 보면 납작한 타원으로 보이지만, 위에서 보면 원으로 보입니다. 즉, 겉보기의 분류가 E0이라고 해도 아래의 세 가지 가능성이 있습니다.

- **구형**
- **럭비공형**
- **단팥빵형**

이처럼 '겉보기'가 타원일 때는 예상 밖으로 수상합니다. 실제로 위에서 이야기한 3종류의 형태를 한 타원은하도 발견되었습니다. 위대한 허블이지만 설마 타원은하에 3종류의 다른 형태가 있다고는 생각하지 못했을 것입니다. 이런 다양성을 알게 된 것이 약 30년 전의 일이기 때문입니다. 타원은하 속 별이 움직이는 모습을 확실히 조사할 수 있게 되면서 알게 된 사실입니다.

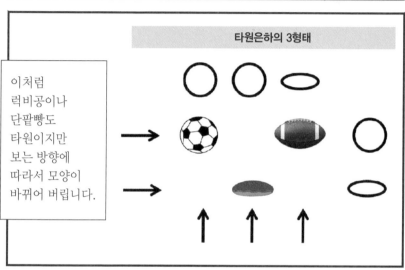

※ 줄어들어 버렸습니다.

167

7 럭비공 모양의 타원은하

단팥빵 모양의 타원은하는 상상할 수 있지만, 럭비공 모양의 타원은하까지 있다는 것은 불가사의합니다. 지금부터 럭비공 모양의 타원은하를 알아보도록 합시다. 그 대표격은 NGC 5128이라고 부릅니다. 이 은하는 '켄타우루스자리 A'라는 이름으로도 알려져 있는데, 은하 중심핵의 초거대질량 블랙홀 주변에서 강렬한 **전파 제트**가 나오고 있는 것으로도 유명합니다.

NGC 5128에서는 우주먼지에 의한 흡수 구조가 보입니다. **먼지띠**(dust lane)라는 구조로 1억 년 정도 전에 합병된 원반은하의 흔적이라고 여겨집니다. 즉, 합병된 은하의 가스나 우주먼지가 NGC 5128 안에서 아직 회전하고 있기 때문에 보이는 것입니다. 이 회전면은 타원은하 본체의 회전면과 거의 일치합니다. 그리고 먼지띠와 직각 방향으로 전파 제트가 나오고 있습니다. 타원은하를 구성하는 별의 분포를 보면 전파 제트와 같은 방향, 즉 은하의 회전 방향과 직각 방향으로 뻗어 있습니다. 이것이 바로 타원은하가 럭비공 같은 모양이 되는 이유입니다.

단, 이와 같은 구조는 전파 제트의 영향으로 이루어진 것이 아닙니다. 어쩌면 복수의 은하가 합병된 결과일 수도 있지만, 합병의 흔적은 10억 년이 지나면 사라져 버리기 때문에 어떤 식으로 합병했는지 특정하기 어렵습니다. 1억 년 정도 전에 일어난 합병이라면, 흔적은 아직 남아 있습니다. 실제로 NGC 5128에서는 최근 일어난 원반은하의 합병 흔적이 먼지띠로로 보입니다.

- NGC 5128
은하 중심부에서 왼쪽 위와 오른쪽 아래 방향으로
나온 것이 전파로 관찰한 제트 구조.

전파 제트

전파 제트가
나오고 있는
럭비공 모양의
타원은하
입니다.

(그림: ESO)

은하가 럭비공
모양이라니….
정말 신기하네요.

허블. 허블…. 하지만!
두 개의 은하가
합병했다고 생각하면
어떨까?

두 개의 둥근
타원은하가
합병하면 각각의
운동량이
보존될 터!

그러니까….

합병한
궤도방향으로
뻗은 구조,
즉 럭비공
모양이 될 것
…
같군!

과연 허블 선생.
은하의 합병에
대해서는 잠시 후에
이야기하겠습니다.

8 타원은하의 구조를 결정하는 요소

그럼 럭비공 같은 구조를 한 타원은하에서 별은 어떤 식으로 운동하고 있을까요? 타원은하도 회전운동을 합니다. 그런데 타원은하의 형태는 회전운동의 영향으로 유지하는 것이 아닙니다. 오히려 은하 속 별들이 불규칙한 운동을 해서 발생한 속도가 특정 방향으로 크게 뻗은 구조를 하고 있습니다.

그림의 단팥빵 모양과 럭비공 모양의 타원은하에, 내부의 별들이 어느 방향으로 크게 속도를 내며 운동하는지 나타냈습니다. 단팥빵 모양에서는 수평면 방향으로 별들의 운동속도가 크지만, 럭비공 모양에서는 공의 긴 축 방향을 따라 운동속도가 커집니다. 이처럼 별들의 운동이 어떤 방향으로 두드러지게 나타나는지에 따라(전문용어로 속도 분산의 이방성이라고 한다), 타원은하의 형태가 결정됩니다.

실제로 이 사실을 알게 된 것은 1980년대에 들어오면서부터입니다. 허블도 설마 이렇게 될 줄은 예상하지 못했을 것입니다. 우리는 오랜 시간 타원은하에게 깜빡 속아 온 것입니다. 저도 원반은하보다 다양성이 부족한 타원은하에는 그다지 흥미가 없었습니다. 그런데 뚜껑을 열어보니 언뜻 보기에 단순했던 타원은하의 세계가 상당히 심오했습니다. 방심은 금물입니다.

마지막으로 오른쪽에 타원은하의 3가지 형태를 실제 은하의 예를 들어 정리해 두었습니다. 럭비공 모양은 E0에서 E7의 타원은하 중에 섞여 있어서, 타원은하 속 별의 운동을 조사하면 결국 구별할 수 있습니다.

■ 허블 분류의 타원은하 3형태

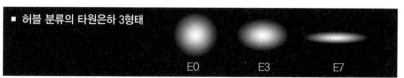

E0　　　　E3　　　　E7

■ 실제 은하의 예

럭비공 모양　　　　　구형에서 단팥빵 모양

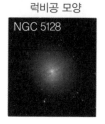

E0　　　　　　　E5

타원은하에는 단팥빵 모양과 럭비공 모양,
두 가지 생성 과정이 있다!

① 2개의 은하가 측면충돌한 경우

단팥빵 모양

각 은하의 궤도각운동량이
병합한 은하 속 별들의
각운동량으로 변화해 가기 때문에
수평 방향으로 퍼진다.

은하 속 별의 운동

② 2개의 은하가 정면충돌한 경우

럭비공 모양

정면충돌에 가까울 때는 충돌 방향으로
별들의 운동이 진동하기 때문에
그 한 방향만으로
돌출해 뻗어나간나.

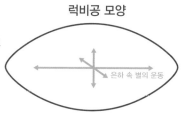

은하 속 별의 운동

9 아름다운 소용돌이를 보이는 원반은하

다음은 **원반은하**(disk galaxy) 계열을 이야기하겠습니다. 원반은하 계열은 두 종류가 있습니다. 하나는 보통의 나선은하(허블 분류상의 계열)이며, 또 하나는 원반 내부에 막대 같은 구조가 있는 계열입니다.

원반은하의 나선구조는 은하마다 다양한 개성이 있으므로 확실하게 정리되지 않습니다. 먼저 원반은하가 어떤 식의 운동에 지배당하고 있는지 조사해 봅시다.

은하의 원반은 어떤 식으로 회전하고 있을까요? 예를 들어 손목 스냅을 살려 프리스비(frisbee)를 던진다고 생각해 봅시다. 프리스비는 회전하면서 상대가 있는 쪽까지 날아갑니다. 프리스비는 원반이므로 이른바 **강체운동**(어디서든 회전속도가 같다)을 합니다.

그런데 원반은하는 프리스비와 달리 강체가 아닙니다. 1,000억 개의 별들이 서로의 중력으로 연결된 집단입니다. 이것을 전문용어로 **중력다체계** 重力多体系라고 합니다.

실제로 원반은하의 회전 모습을 조사해 보면 재밌는 사실을 알 수 있습니다. 은하 중심부에서 팽대부까지는 대체로 강체회전처럼 행동합니다. 그런데 원반부에서는 반지름과 관계없이 거의 같은 속도로 회전합니다. 우리은하에서는 초속 240 km 정도의 속도입니다. 이 회전속도는 원반은하마다 달라서, 초속 100~500 km까지 다양합니다. 회전속도는 은하의 질량이나 구조와 관계가 있습니다. 원반은하는 형태도 다양하지만, 역학적인 구조라는 관점으로 봐도 다양성이 풍부합니다.

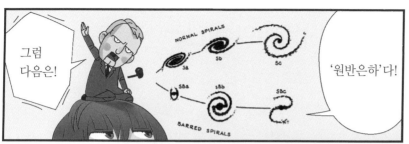

그럼 다음은!

'원반은하'다!

먼저 은하원반의 회전속도는 '은하의 회전곡선문제'라는 천문학 문제 중 하나였다.

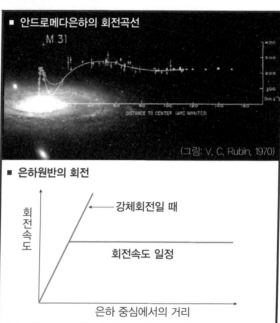

■ 안드로메다은하의 회전곡선

M 31

(그림: V. C. Rubin, 1970)

■ 은하원반의 회전

회전속도

강체회전일 때

회전속도 일정

은하 중심에서의 거리

이론상으로는 감속해야 할 회전속도가 실제로는 일정하게 유지된다…?

이 모순을 설명하기 위해 생각할 수 있는 것이 '암흑물질(dark matter)'이다.

암흑물질이란?

질량이 있지만, 전자기파를 전혀 방출하지 않는 미지의 물질. 위의 그림에서 원반의 바깥쪽에서도 천체의 속도가 유지되는 이유는 암흑물질이 있기 때문이라고 여겨진다.

173

10 은하원반의 회전

은하원반이 회전하는 모습에서 주요 포인트는 **반지름과 상관없이 회전속도가 일정하다는 것**입니다. 이 성질은 **평탄한 회전속도**라고 부릅니다. 문제는 이 성질이 나선팔에 심각한 영향을 미친다는 점입니다. 안쪽에 있는 별이 빠르게 원반 속을 일주해 버려서, 바깥쪽을 회전하는 별은 그야말로 한 바퀴 늦은 상태가 되기 때문입니다.

당연한 일입니다. 원주의 길이는 반지름을 r이라 하면 $2\pi r$임을 학교에서 배웠습니다. π는 원주율로 '3.14⋯.'입니다. 은하원반의 바깥쪽으로 나가면 반지름이 커지므로 원주의 길이는 반지름에 비례해 길어집니다. 그런데 은하원반의 회전속도는 반지름과 관계없이 똑같습니다. 따라서 바깥쪽으로 나가면 한 바퀴 도는 데 걸리는 시간이 길어집니다. 그래서 바깥쪽에 있는 별일수록 원반 속을 느리게 운동하게 됩니다. 예를 들면 육상의 트랙 경기에서 바깥쪽 레인을 달리는 사람은 같은 속도로 달리더라도 안쪽을 달리고 있는 사람보다 확실히 늦게 갑니다. 그래서 실제 트랙 경기에서는 레인의 주행거리를 맞추기 위해 출발 위치를 바꾸는 등의 노력을 하고 있습니다.

이렇게 해서 평탄한 회전속도는 아름다운 나선팔을 시간의 흐름과 함께 일그러뜨립니다. 오른쪽 그림을 보면 알 수 있듯, 바깥쪽 팔에 있는 별이 느리기 때문에 심하게 말린 모기향처럼 될 것이라고 예상할 수 있습니다. 그런데 이러한 원반은하는 발견되지 않습니다. '감김 문제(winding dilemma)'라고 부르는 이 문제는 한동안 천문학자들을 괴롭혔습니다.

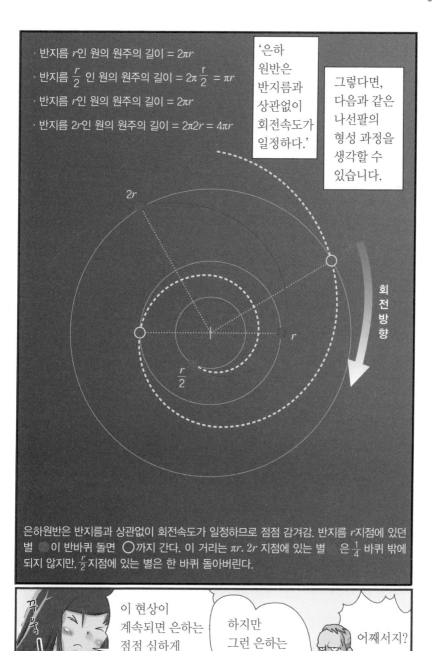

· 반지름 r인 원의 원주의 길이 = $2\pi r$

· 반지름 $\frac{r}{2}$ 인 원의 원주의 길이 = $2\pi\frac{r}{2} = \pi r$

· 반지름 r인 원의 원주의 길이 = $2\pi r$

· 반지름 $2r$인 원의 원주의 길이 = $2\pi 2r = 4\pi r$

'은하 원반은 반지름과 상관없이 회전속도가 일정하다.'

그렇다면, 다음과 같은 나선팔의 형성 과정을 생각할 수 있습니다.

회전방향

은하원반은 반지름과 상관없이 회전속도가 일정하므로 점점 감겨감. 반지름 r지점에 있던 별 ● 이 반바퀴 돌면 ◯ 까지 간다. 이 거리는 πr. $2r$ 지점에 있는 별 ● 은 $\frac{1}{4}$ 바퀴 밖에 되지 않지만, $\frac{r}{2}$지점에 있는 별은 한 바퀴 돌아버린다.

이 현상이 계속되면 은하는 점점 심하게 감긴 모습이 될 거예요.

하지만 그런 은하는 본 적이 없어!

어째서지? (이어서)

175

11 다른 형태의 나선은하

여기서 나선은하의 허블 분류를 다시 한번 살펴봅시다. 타원은하에 가까운 쪽부터(그림 왼쪽부터) Sa→Sb→Sc로 늘어서 있습니다. 허블은 이 배열에서 무엇을 본 것일까요? 2개의 주요 포인트가 있습니다. Sa→Sb→Sc 순으로,

- 중앙부에 있는 팽대부가 상대적으로 작아진다.
- 나선이 감긴 방향이 약해진다(열려 간다).

라는 경향이 있는 것입니다. 만일 원반의 회전에 따라 나선이 강하게 감긴다면, Sc→Sb→Sa와 같이 진화하는 과정을 생각할 수 있습니다. 이 과정에서 팽대부가 커지면 문제는 발생하지 않습니다. 그러나 그렇게 간단하지 않습니다. 나선은 감기지 않는다는 것을 알기 때문입니다.

허블이 Sa→Sb→Sc 순으로 나선은하를 늘어놓은 근거는 또 하나 있습니다. 나선 부분에 활발한 별 생성 영역이 있느냐 없느냐입니다. 사실은 Sc의 나선에서는 수많은 별 생성 영역이 발견됩니다. 별 생성 영역에서는 태양보다 무거운 별이 수십 개씩 태어납니다. 무거운 별은 대량의 자외선을 방출하기 때문에 주위의 가스를 전리합니다. 그럼 주변에 거대한 플라즈마 영역이 생기는데, 규모가 오리온대성운의 100개 정도 크기입니다. 별을 만들려면 분자가스구름의 차가운 가스가 대량으로 필요합니다. 즉, Sc 쪽이 대량의 차가운 가스구름을 가지고 있고 활발하게 별을 만들고 있다는 사실을 허블은 간파한 것입니다. 혜안이라고 해도 좋을 정도입니다. 단, 별 생성 영역은 어느 정도 가까운 곳에 있는 은하에 한해 발견됩니다. 따라서 먼 쪽에 있는 나선은하를 분류하는 데는 아쉽게도 사용할 수 없습니다.

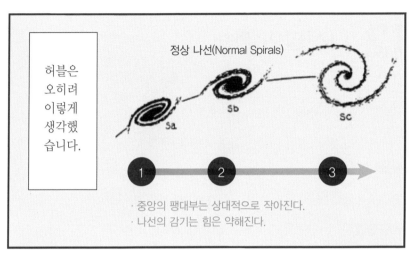

허블은 오히려 이렇게 생각했 습니다.

정상 나선(Normal Spirals)

Sa
Sb
Sc

1 2 3

· 중앙의 팽대부는 상대적으로 작아진다.
· 나선의 감기는 힘은 약해진다.

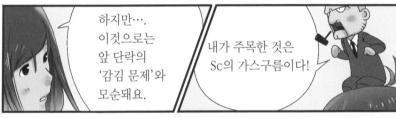

하지만….
이것으로는 앞 단락의 '감김 문제'와 모순돼요.

내가 주목한 것은 Sc의 가스구름이다!

Sc에 있는 대량의 차가운 가스에서는 별이 계속해서 만들어진다.

그 별의 빛으로 소용돌이가 보이는 것이지!

하지만….

반짝

하지만….

하지만….

하지만….

반 짝

하지만….

반 짝

■ 뚜렷한 나선이 없는 원반은하

■ 3개 이상의 나선이 있는 은하

12 나선팔의 정체

천문학자들은 오랫동안 나선팔에 대해 정확히 이해하지 못했습니다. 은하의 나선팔이 점점 감긴다고 생각한 것은 다음과 같은 믿음이 있었기 때문입니다. '나선팔을 만드는 별들은 언제까지나 그 장소에 계속 머물러 있다'라는 믿음입니다. 나선팔은 별들이 모인 하나의 집합체이며, 이것이 로프처럼 연결된 것이라고 간주했기 때문입니다. 그런데 사실은 달랐습니다. 나선팔에 있는 별들은 교체를 거듭하고 있습니다. 나선팔은 하나의 패턴(무늬)이며 그곳으로 별이 들어가고 나옵니다. 가끔 머무르는 별들이 있는데, 이 별의 빛 덕분에 나선팔이 아름답게 보이는 것입니다.

양동이에 물을 채워 양손으로 양동이를 두들긴다고 합시다. 그러면 수면에 파도가 입니다. 양동이를 때린 진동이 물로 전해져 어떤 방향에서 진동이 강하게 만나면 물결이 일기 때문입니다(공진이라는 현상).

즉, 나선은하의 나선은 은하의 원반이 물결쳐 밀도가 높은 곳으로 별이 모였기 때문에 밝게 보이는 것입니다. 이 아이디어는 **밀도파 이론**(density wave)으로, 1960년대에 제안되었습니다. 별들이 모인 원반 중앙 근처에 밀도가 높은 장소가 생기면 음파처럼 원반의 바깥쪽을 향해 퍼져나갑니다. 이것이 나선팔의 무늬가 됩니다. 이런 식으로 생각하면 감김 문제는 기본적으로 해소됩니다. 그럼, 밀도의 파도는 어떻게 생기는 것일까요? 가까이에 있는 작은 위성은하가 은하중심핵에 떨어져도 파도는 일어납니다. 하지만 밀도의 파도가 들뜨는 메커니즘은 아직 잘 모릅니다.

왜 나선
모양은
무너지지
않는 것일까?

그것을
설명하는 것이
'밀도파 이론'
입니다.

은하의
중심 영역에
일그러진 구조가
있으면, 그것이
회전하면서
은하원반으로
밀도의 파도가
퍼져가는 것이지.

주변 중력의 영향으로⋯.

빨리 좀 가.

밀도의 파도

밀도가 높은 장소에서는
별의 공전 속도가 느려져
정체가 일어납니다.

나왔다!

빠졌어⋯.

밀도의 파도

겨우 그 장소에서
벗어나도 다음 별로
교체될 뿐,
팔의 형태는
유지됩니다.

6장 10절에서 본 것처럼
'로프'가 중심핵에
감겨 있는 이미지
그 자체가 틀렸다는
말이죠.

그렇다네!

13 막대나선은하가 태어나는 구조

막대나선은하의 허블 분류를 알아봅시다. 나선이 감긴 상태는 SBa → SBb
→ SBc의 순으로 느슨해져 갑니다. SBa의 형태가 작게 그려져 있어서 알
기 어렵지만, 팽대부도 같은 순서대로 작아집니다. 막대나선은하가 드물
게 존재하는지 물어보면, 그렇지는 않습니다. 원반은하의 반 정도가 막대
나선은하입니다. 그래서 뭔가 흔한 메커니즘이 막대가 있는 것과 없는 것
으로 나눈다고 생각할 수밖에 없습니다.

예를 들어, 회전하는 원반을 반지름 방향으로 조금 밀고 들어간다고
합시다. 원반은 어떻게 될까요? 원반은 약간 수축하는 듯한 운동을 합니
다. 그런데 원심력에 의해 복원되기 때문에 결국은 원래 형태로 돌아갑니
다. 즉, 원반은하는 반지름 방향의 압축에 대해 안정된 구조라고 할 수 있
습니다.

그럼, 반지름의 수직 방향으로 압축하면 어떻게 될까요? 이번에는 원래
대로 돌아갈 복원력이 없습니다. 그래서 원반은 이러한 자극(물리의 세계에서
는 섭동이라고 한다)에 대해 불안정해집니다. 실제 시뮬레이션에서도 이런 자
극이 있으면 원반은하에 막대형 구조가 생깁니다. 한 번 형성되면 원래대
로 되돌아갈 방법이 없으므로 원반에는 막대형 구조가 남습니다.

결국, 반지름 방향에 따른 섭동은 축대칭이지만, 원반의 반지름과 직각
방향으로 가해진 섭동은 비축대칭이라는 말입니다. 은하의 원반은 비축대
칭적인 섭동에 약합니다. 잘 생각해 보면, 위성은하의 합병은 비축대칭적
인 섭동을 줍니다. 때에 따라 막대형 구조를 만드는 계기가 되기도 합니다.

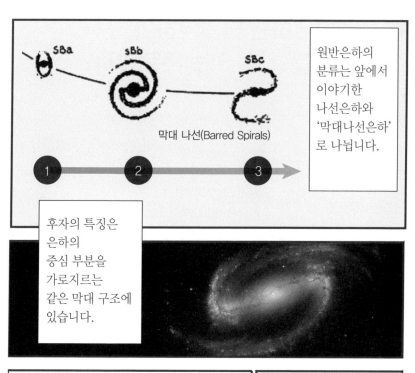

막대 나선(Barred Spirals)

1   2   3

원반은하의
분류는 앞에서
이야기한
나선은하와
'막대나선은하'
로 나뉩니다.

후자의 특징은
은하의
중심 부분을
가로지르는
같은 막대 구조에
있습니다.

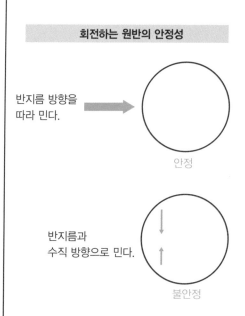

회전하는 원반의 안정성

반지름 방향을
따라 민다.

안정

반지름과
수직 방향으로 민다.

불안정

이 '막대'는
은하의 원반이
비축대칭적인
섭동에
약한 것이
원인이 되어
만들어진다고
여겨진다.

14 S0은하는 타원은하와 원반은하를 잇는 존재일까?

허블 분류에서 아직 다루지 않은 것이 S0은하입니다 허블은 타원은하와 원반은하 사이에 무언가 필요하다고 생각했는데, 그것을 S0은하라고 했습니다. 은하를 타원은하와 원반은하로 분류해 보긴 했지만, 아무래도 양쪽 사이에 틈이 있는 것처럼 느껴졌기 때문입니다. 양쪽을 무난하게 연결하는 부류의 은하로, 가상적인 S0 형태를 도입한 것입니다. 원래 허블이 은하의 분류를 제안한 이유는, **은하진화론**을 의논하고 싶었기 때문입니다. 허블이 생각한 아이디어는 아래와 같이 정리할 수 있습니다.

- 은하가 태어났을 때는 대체로 구형을 하고 있다.
- 수축함에 따라, 각운동량이 보존돼 편평해졌다.
- 머지않아 원반은하가 형성되었다.

이처럼 **타원은하에서 원반은하에 이르는 진화과정**이 염두에 있었습니다. 듣고 보면 감탄할 수밖에 없는 아이디어입니다. 그러나 허블은 자신의 저서 《성운의 왕국》(지식을 만드는 지식, 장헌영 역, 2014년, 원서는 The Realm of the Nebulae-역주)에서 E7형과 Sa형 사이의 틈에 대해 다음과 같이 이야기했습니다.

"이 불연속의 원인을 추측하는 것은 무익하다. 지금은 은하 진화의 임계점에서 극적인 현상이 발생한 것을 시사하는 것으로 그만두려 한다."

상당히 과장된 표현 같지만, 진화 이론을 추구하는 허블은 잠정적이긴 해도 S0은하를 분류체계로 편입해 두는 편이 좋다고 생각한 것입니다.

원반
은하와   타원   그것을 잇는 중간적인
         은하….   은하가 있을 터!
                난 당시 그렇게
                추정했지.

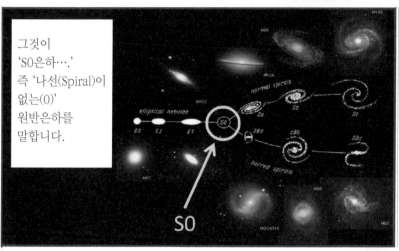

그것이
'S0은하….'
즉 '나선(Spiral)이
없는(0)'
원반은하를
말합니다.

타원에서 원반으로
연결되는 은하의 진화과정.
그것이 내가 떠올린 우주다.

하지만 결국 허블은
S0은하에 해당하는
천체를 발견할 수 없었습니다.

그럼 저부터
S0은하의
조사 보고를
시작하겠습니다.

엥?
있었어?

다음
페이지
에서.

15 S0은하는 존재할까?

허블이 가상적으로 삽입한 S0은하. 그것은 실제 존재할까요? 이 질문에 답하기 전에 S0은하가 어떤 성질을 가졌는지 명확히 해둘 필요가 있습니다. 특징을 모르면 찾는 것도 불가능하기 때문입니다. S0은하에 기대하는 모습을 떠올려 봅시다.

- 편평한 타원은하 E7보다 편평한 구조이다.
- 원반이 있지만, 나선팔은 없다.

2가지 특징을 가상의 S0은하의 정의라고 생각하고서 우주를 바라보면, 놀랍게도 적합한 천체가 발견됩니다. 예를 들어, NGC 3115입니다. 이 은하를 가끔 원반 옆면으로 보면, 상당히 깨끗하고 매끈한 구조로 이루어져 있는 사실을 알 수 있습니다. 나선팔이 있으면, 이렇게 보이지 않습니다. 팽대부는 보이기 때문에 일반적으로는 원반은하로 분류할 수 있습니다. 그리고 전체적으로 E7형보다 편평합니다. 그야말로 S0은하라고 불러도 좋을 은하입니다.

또 하나의 예로, NGC 4382를 봅시다. 이 은하가 타원은하가 아닌 것은 분명합니다. 중심부에 있는 작고 밝은 부분은 NGC 3115에서도 본 팽대부일 것입니다. 주변으로 희미하게 퍼져 있는 것은 나선구조 없는 원반입니다. 이것도 그야말로 S0은하라 할 수 있습니다.

이처럼 주의 깊게 은하를 관찰하면, S0은하로 분류해도 괜찮은 은하가 있다는 사실을 깨닫습니다. 그러나 다시 말하지만, 이것과 허블의 은하진화 이론은 연관이 없습니다. **나선 구조가 없는 원반은하가 있다는 관측 사실뿐입니다.**

하나.
E7형보다
편평한
구조를 함.

둘.
원반이 있지만,
나선팔은
없음.

그런 은하는
현대의 기술로
이미 관측돼
있어요.

그러나
허블의
은하진화
이론과
연결되지는
않습니다.

예를 들어,
팽대부의 크기에
주목하면 Sc 정도로
작은 것도 있습니다.

'S0은하는
나선은하처럼
독립적인 계열은
아닐까'
생각하는 사람도
있는 듯합니다.

NGC 4382

NGC 3115

(그림: 2MASS)

허블. 허블.

역시 S0은하는
확실히 존재했군.

그러나….

내가 상상한
'타원은하에서
원반은하로의
진화'를 증명해
주는 은하라고
할 수도 없어.

그렇
습니다.
죄송해요…

결국,
은하의 형태는
어디까지나
환경에 따른 것
이라고 여겨집니다.

이런. 이런.
고맙군,
후손들.

16 나선이 생기지 않은 은하원반

왜 S0은하에서는 나선 구조가 보이지 않는 것일까요? 6장 15절에 나온 S0 은하의 모습을 보면, 보통 나선은하에 비해 역시 어딘가 묘한 느낌이 듭니다. 그 원인은 무엇일까요?

가스구름이나 우주먼지의 징조가 전혀 보이지 않기 때문입니다. 관측해 보면 확실히 S0은하에는 가스구름이 적다는 사실을 알 수 있습니다. 일단 가스가 적다는 사실은 인정합니다. 그런데 왜 나선구조가 생기지 않는 것일까요? 이것은 또 다른 문제입니다.

이미 이야기했듯, 은하의 원반은 판자 같은 강체 원반이 아닙니다. 다수의 별이 중력으로 묶여 있는 원반입니다. 이런 원반에 나선팔과 같은 구조가 생기려면 밀도가 높은 장소가 원반 속으로 퍼져 나갈 필요가 있습니다 (밀도파(density wave)라고 한다).

만약 별들이 조용히 회전운동을 하는 것이 아니라 불규칙적으로 운동한다면 어떨까요? 그 별을 포섭하기란 어렵습니다. 까부는 아이들을 정렬시키는 것과 똑같기 때문입니다. 그다지 상상하고 싶지 않군요.

사실 **나선 같은 구조를 만들려면**, 원반 속 별들이 조용히 회전하는 편이 **좋습니다.** 장난꾸러기 별들로 가득한 은하원반에서는 밀도파가 잘 전달되지 않습니다. 그래서 원반은 있어도 파도가 일지 않는 경우가 생기는 것입니다. 그것이 S0은하라고 이해하면 됩니다. 타원은하의 세계도 심오하지만, 은하의 원반도 만만치 않습니다.

S0은하는 팽대부나 원반은 있지만 '나선'이 없는 은하였죠.

원인은 S0은하의 원반과 수직 방향으로 별들이 불규칙하게 운동하기 때문이라고 합니다.

즉… '나선'을 만들기 위해서는 규칙적인 밀도의 파도가 필요한데.

조용히 회전하지 않는 S0은하는 그 파도가 잘 전달되지 않는다는 것이죠.

바꿔 말하면, 별의 운동이 원반과 수직 방향으로 크다고도 할 수 있지….

이런, 이런. 내 차례도 여기까지인가 보군, 몽이 군.

고마워요, 허블 선생님.

Thank You.

187

17 충돌하는 은하

지금까지 은하의 세계를 둘러봤는데, 허블 분류로 소개한 것은 모두 독립 적인 은하였습니다. 실제 우주는 어떨까요? 가까운 우주를 바라보면, M51 이라는 은하는 약간 작은 은하(NGC 5195)와 충돌하고 있다는 사실을 알게 되었습니다. M51의 아름다운 나선구조는 NGC 5195와의 상호작용으로 생겼다고 추정합니다. 이처럼 충돌하고 있는 은하는 드물 것으로 생각했 는데, 우주를 조사해 보면 의외로 흔하다는 사실을 알 수 있습니다.

허블우주망원경이 촬영한 오른쪽 그림의 아름다운 충돌은하를 보면, 2 개의 은하가 춤을 추듯 충돌하고 있는 모습을 볼 수 있습니다. 그중에는 합 병해서 하나의 은하로 되어 가는 것도 있습니다. 그림의 2열 제일 왼쪽 은 하와 3열 왼쪽에서 두 번째 은하는 기묘한 모양을 하고 있는데, 하나의 은 하처럼 보입니다. 이 두 은하의 운명은 같아서, 최종적으로 하나의 타원은 하 같은 모습으로 변합니다.

은하의 상호작용에는 2개의 운명이 기다리고 있습니다.

- 그저 조우한 것뿐이며, 그 후 다시 멀어져 간다.
- 서로의 중력에 포착돼, 합병해 하나의 은하가 된다.

모두 은하의 상호작용이지만, 일반적으로 전자를 은하상호작용이라고 부르는 일이 많고 후자는 은하의 합병을 강조해 은하합병*이라고 부릅니 다. 하나의 은하처럼 보이지만, 허블 분류에 해당하지 않을 때는 대게 은하 합병의 영향이라고 봐도 좋습니다.

---

* 합병은 영어로 'merger'라고 함. 비슷한 크기의 은하가 합병할 때는 '큰 합병(major merger)', 은하와 위성은 하와의 합병은 '작은 합병(minor merger)'이라고 부름.

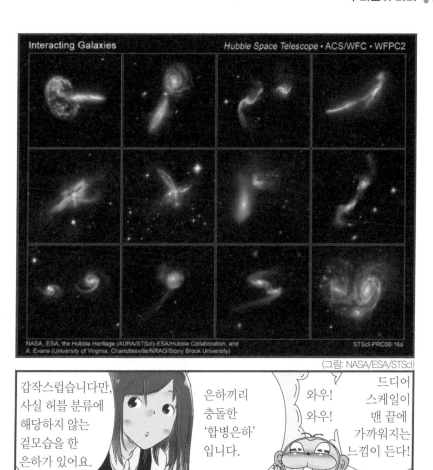

Interacting Galaxies

Hubble Space Telescope • ACS/WFC • WFPC2

NASA, ESA, the Hubble Heritage (AURA/STScI)-ESA/Hubble Collaboration, and A. Evans (University of Virginia, Charlottesville/NRAO/Stony Brook University)

STScI-PRC08-16a

(그림: NASA/ESA/STScI)

갑작스럽습니다만, 사실 허블 분류에 해당하지 않는 겉모습을 한 은하가 있어요.

은하끼리 충돌한 '합병은하' 입니다.

와우! 와우!

드디어 스케일이 맨 끝에 가까워지는 느낌이 든다!

우주 전체의 밀도는 고르지 않은데, 은하가 집중한 장소인 '은하단'이나 은하가 거의 없는 영역 '보이드(void)' 등으로 우주의 거대 구조가 만들어집니다.

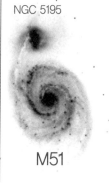

NGC 5195

M51

그리고 은하 개체의 밀도가 높은 장소라면, 은하 충돌이 빈번하게 일어난다 해도 이상하지 않습니다.

(그림: NASA/ESA/STScI)

189

18 합병하는 은하

그럼 합병은하를 살펴보러 가볼까요? NGC 7252는 상호작용에 의해 생성된 2개의 꼬리 같은 구조가 명료하게 보이므로 은하가 합병했다는 사실을 쉽게 알아차릴 수 있습니다. 그런데 상호작용으로 생성된 꼬리 같은 구조는 시간이 경과하면 깨끗이 사라집니다. 즉, 광도가 어두워져서 관측하기 어려워진다는 말입니다.

한편, 아르프 220(Arp 220)은 합병이 상당히 진행돼 있어, 꼬리 같은 구조가 이미 희미해져 보이지 않습니다. 단, 대형망원경으로 장시간 노출관측을 하면 희미한 흔적이 보입니다. 아르프 220은 불규칙은하로 분류되기도 하지만, 합병은하이므로 불규칙은하가 아닙니다.

아르프 220을 적외선으로 보면 매우 밝게 빛나고 있습니다. 놀랍게도 광도가 태양의 1조 배 이상이기 때문입니다. 적외선은 대량으로 생성된 별들로 데워진 우주먼지가 빛나는 것입니다. 데워졌다고 해도 우주먼지의 온도는 -220℃ 정도로, 열방출을 통해 원적외선(파장 100 μm 정도)을 대량 방출하고 있습니다. 아르프 220 같은 은하는 수백 개 발견되었는데, **초고광도적외선은하**(ultra luminous infrared galaxy, 혹은 울트라적외선은하)라고 부릅니다. 이들 은하의 모습을 허블우주망원경으로 보면, 확실히 허블 분류에 들어갈 만한 형태는 하고 있지 않습니다. 모두 다수의 은하가 합병한 것처럼 보입니다. 이렇듯 3개 이상의 은하가 합병하는 경우 **다중합병**이라고 부릅니다. 사실 아르프 220도 제 연구 결과, 4개 이상의 은하가 합병한 다중합병임을 알게 되었습니다.

은하끼리가 충돌해
서로의 중력장에
잡혀 버리면,
이윽고 하나의
합병은하가 됩니다.

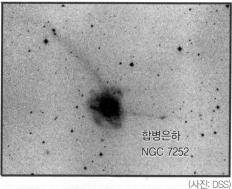

합병은하
NGC 7252.

(사진: DSS)

NGC 7252의 중심부에
있는 나선 구조

(사진: NASA/ESA/STScI)

은하의 충돌이나
합병으로 고밀도의
가스구름이 생성되면
그곳에서 한 번에
수많은 별이
태어나기도 하죠….

아르프 220

은하의
충돌은
그야말로
별과
가스의
순환이군요.

(사진: NASA, ESA, The Hubble Heritage(STScI/AURA))

191

19 은하군을 일으키는 다중합병

은하의 다중합병은 어떤 장소에서 일어나는 것일까요? 답은 은하군(group of galaxies)입니다. 다수의 은하가 수십만 광년에서 수백만 광년의 영역에 모여 존재하는 곳이 있는데, 그런 장소를 '은하군'이라고 부릅니다. 약 1억 광년 이내의 우주를 조사하면, 은하의 70%가 은하군에 포함돼 있습니다. 은하군은 우주에서는 기본적인 단위(unit)입니다.

허블 분류를 보면 은하는 대부분 독립적이라고 생각할 수 있지만, 실제 우주는 그렇지 않습니다. 특히, 은하가 북적북적 존재하는 곳은 밀집은하군(Compact Group)이라고 부릅니다. 그림에 표시한 '세이퍼트의 6중 은하(Seyfert's Sextet)'와 '스테판의 5중 은하(Stephan's Quintet)'가 밀집은하군입니다. 그야말로 좁은 영역에 방금 부딪힌 여러 개의 은하가 모여 있습니다. 그리고 밀집은하군을 기다리고 있는 운명이 다중합병입니다. 약 십억 년의 시간은 걸리지만, 합병해 하나의 은하가 될 것이라 예상합니다.

두 은하의 합병에서도 그랬지만, 다중합병의 목적지는 타원은하입니다. 합병의 최초 단계에서는 상호작용으로 만들어진 꼬리 같은 구조가 많이 보이지만, 이것은 금방 전체로 퍼져나가고 명확한 구조를 가지지 않습니다. 그 결과, 허블 분류에 의한 타원은하 같은 형태로 진화해 가는 것입니다. 그럼 모든 타원은하는 은하의 합병으로 만들어진 것일까요? 그 질문에 대한 답은 'Yes.'입니다. 원래 모든 은하는 작은 단위가 합병해 진화한 것입니다.

은하가 여러 개에서 수십 개 밀집한 장소를 '은하군'이라고 부릅니다.

세이퍼트의 6중 은하

은하 군(軍)!? 왠지 멋져!

'군(群)' 이에요. '군(群)'

(사진: NASA/STScl)

이렇게 밀집한 은하군은 얼마있지 않아 다중합병이 일어나 '하나의 은하'가 될 운명이라 하네요.

덧붙이자면, '은하군' 보다 큰 집단을 '은하단'이라고 부릅니다.

은하단! 멋있어!

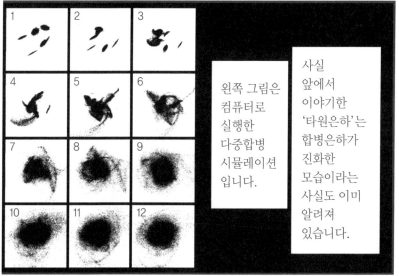

왼쪽 그림은 컴퓨터로 실행한 다중합병 시뮬레이션 입니다.

사실 앞에서 이야기한 '타원은하'는 합병은하가 진화한 모습이라는 사실도 이미 알려져 있습니다.

(그림: Weil & Hernquist 1996, ApJ, 460, 101)

20 우리은하 주변은 북적북적

우리은하에는 약 10개의 항성흐름(star stream, 성류. 천구상에서 항성이 일정한 방향을 향하는 현상-역주) 구조가 있는데, 과거에 몇 번이나 위성은하를 삼켜 온 역사가 있다고 합니다. 대체 어떻게 그런 사건이 빈번히 일어난 것일까요? 답은 은하가 태어나는 방법에 있습니다. 우리은하나 안드로메다은하 등은 10만 광년 이상의 지름을 가진 거대한 나선은하입니다만, 처음부터 그렇게 큰 은하는 아니었습니다.

은하의 '씨앗'은 우주 탄생 2~3억 년 후쯤 발생했다고 여겨집니다. 그 시절 은하의 크기는 수천 광년밖에 안 되고 질량도 현재 은하의 10분의 1 정도밖에 안 되었습니다. 그럼 어떻게 현재 관측하는 것처럼 거대한 은하가 된 것일까요? 답은 합병입니다. 작은 은하의 씨앗은 합병을 거듭해 점점 큰 은하가 됩니다. 은하의 나이는 대략 130억 년으로, 그동안 계속 은하의 합병을 경험해 왔습니다.

이 시나리오를 통해 지금도 합병이 진행 중이라는 사실을 예상할 수 있습니다. 거대한 은하 주변에는 몇 개의 작은 은하가 있습니다. 우리은하 주변에도 LMC와 SMC 등의 위성은하가 있습니다.

그런데 우리은하는 독립적인 거대은하일까요? 사실은 그렇지 않습니다. 우리은하는 안드로메다은하와 함께 국부은하군(Local Group)이라고 부르는 은하군을 구성하고 있습니다. 반지름 300만 광년 정도의 영역에 약 40개 의 은하가 존재합니다. 밀집은하군 정도로 밀집하진 않았지만, 운명은 같 습니다. 약 60억 년 뒤, 우리은하는 안드로메다은하와 합병할 것입니다.

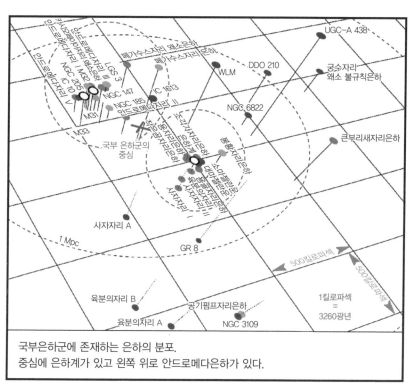

국부은하군에 존재하는 은하의 분포.
중심에 은하계가 있고 왼쪽 위로 안드로메다은하가 있다.

우리은하는
독립적이지 않고
안드로메다은하와
상당히 가까운
장소에서 하나의
은하군을 형성하고
있다고
합니다.

우주에는
다른 은하의
중력의 영향을
전혀 받지 않는
은하 따윈
존재하지
않을지도
몰라요.

과연.
그렇군요!

195

21 우리은하의 운명

국부은하군의 운명은 밀집은하군과 같아서, **다중합병**이 기다리고 있습니다. 마지막 합병까지 걸리는 시간은 수십억 년이지만, 조만간 하나의 거대 타원은하로 모습을 바꿉니다. 이 합병에 LMC와 SMC나 안드로메다은하의 위성은하 등과 같은 다수의 은하가 말려듭니다. 우리은하는 안드로메다은하와 주변 은하를 끌어들여 하나의 은하가 돼 버립니다.

안드로메다은하는 초속 300 km의 속도로 우리은하로 접근하고 있습니다. 이 속도는 시선방향의 속도입니다. 실제 운동 속도는 시선과 직각 방향으로 고려해야 합니다. 최근 허블우주망원경의 관측으로 안드로메다은하의 운동 속도가 확실해졌습니다. 그 자료를 바탕으로 컴퓨터 시뮬레이션을 한 결과, 두 은하는 약 40억 년 뒤에 최초의 충돌을 하리라 예상됩니다. 그 뒤 다시 20억 년에 거쳐 하나의 거대한 타원은하가 됩니다. 성급한 사람이 이 합병은하에 **밀크드로메다**(Milkdromeda)라는 이름을 붙였습니다. 우리은하의 영어명 밀키웨이(milky way)와 안드로메다(Andromeda)를 합친 말입니다. 어쨌든 그 무렵의 밤하늘에는 안드로메다은하도 은하수도 보이지 않고 그저 광활한 빛만이 펴져 있을 뿐입니다.

어쩐지 일대 서사시처럼 느껴지는 사건입니다. 그러나 이런 사건은 우주 곳곳에서 일어나고 있습니다. 우주에 특별한 장소는 없기 때문입니다. 지금부터 1,000억 년이 지나면, 아름다운 나선은하는 우주에서 사라져 버립니다. 거대한 타원은하만 여기저기 존재하는, 심심한 우주가 되어 가는 것입니다.

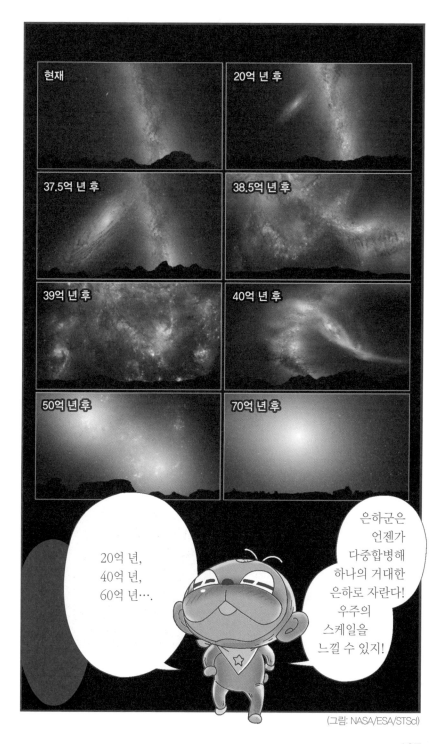

(그림: NASA/ESA/STScI)

Column ❹ 가장 인기 있는 은하

우주에서 가장 인기가 있는 은하는 무엇일까요? 'NGC 4650A'라는 이름의 은하입니다. 이 은하가 가장 인기 있게 된 이유는 허블우주망원경의 어떤 이벤트 덕분입니다.

'허블우주망원경으로 촬영하고 싶은 은하를 투표해 주세요.'라는 설문에 약 8,000명이 투표했는데, 그 결과 NGC 4650A가 1등을 한 것입니다.

사진을 잘 보면, 이 은하는 불가사의한 모양을 하고 있습니다. 언뜻 보면 하나의 원반은하로 보이지만, 그러면 난처한 부분이 있습니다. 중앙에 보이는 부분이 원반은하의 팽대부에 상응하지만, 팽대부가 원반과 직각 방향으로 뻗어 있기 때문입니다. 역학적으로 이런 일은 일어나지 않습니다.

결국, 이 은하는 하나의 원반은하(중앙에 보이는 부분)에 또 하나의 다른 은하가 충돌해, 그 흔적이 아름다운 고리 모양으로 보이는 것이라고 밝혀졌습니다. 중앙에 있는 은하의 극 방향에 고리가 보이기 때문에 극고리은하(polar-ring galaxy)라고 부릅니다. 저도 4개의 극고리은하를 발견했습니다.

그림. 합병은하인 극고리은하 'NGC 4650A'는 인기 은하 중 하나다.

(사진: NASA)

백억 광년 너머의 우주

The universe over there far

지금까지는 지구에서 10억 광년 이내에 있는 천체를 살펴보았습니다.
지금부터는 좀 더 멀리 있는 천체를 보러 갑시다.
아득히 먼 백억 광년 저편의 우주입니다.

1 싱크로트론 복사로 빛나는 퀘이사

1963년 전파로 밝게 빛나는 천체, **퀘이사**가 처음 발견되었습니다. 3C 273이라는 이름의 전파원을 가시광선으로 보면 평범한 파란 별처럼 보이는데, 그 별에 **준항성전파원**이라는 이름이 붙여졌습니다. 영어로는 'quasistellar radio source'입니다. 이것을 줄여 '퀘이사(quasar)'라고 부르게 되었습니다. 현재는 129억 광년 떨어진 곳에서 퀘이사가 발견됩니다.

3C 273은 13등성처럼 보이지만, 거리가 16억 광년임이 판명되었습니다. 겉보기밝기를 토대로 이 천체의 본래 광도를 추정하면, 태양 광도의 1조 배나 된다는 사실을 알 수 있습니다. 이것은 보통 은하의 100개에 달하는 양입니다. 왜 먼 우주에 이토록 밝은 천체가 있는 걸까요? 퀘이사의 발견은 큰 수수께끼를 던졌습니다.

전파로 자세히 조사해 보면, 모은하의 중심핵에서 제트 같은 구조가 발견되었습니다. 가시광선 사진에서도 보였지만, X선으로도 관측되었습니다. 왜 전파나 가시광선, X선으로 제트가 관측되는 걸까요? 그 후, 제트 방출의 기원이 **싱크로트론 복사**(synchrotron radiation)(104쪽 참조)임을 알았습니다.

은하 중심 영역에는 강한 자기장이 있습니다. 그 자력선 주변을 광속에 가까운 속도로 나선운동하는 전자에서 방출되는 것이 싱크로트론 복사입니다. 전파나 가시광선뿐만 아니라, X선도 방출합니다. 은하와 비교했을 때 퀘이사는 모든 파장대에서 밝게 빛나는 천체입니다.

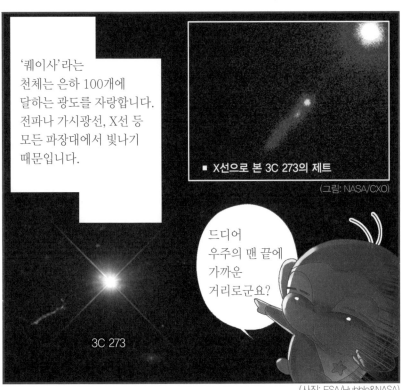

'퀘이사'라는 천체는 은하 100개에 달하는 광도를 자랑합니다. 전파나 가시광선, X선 등 모든 파장대에서 빛나기 때문입니다.

■ X선으로 본 3C 273의 제트

(그림: NASA/CXO)

드디어 우주의 맨 끝에 가까운 거리로군요?

3C 273

(사진: ESA/Hubble&NASA)

다음 단락에서 설명하겠지만, 퀘이사는 거대질량 블랙홀의 중력발전으로 빛납니다. 전파 제트는 광속에 가까운 속도로 자기장 속을 나선운동할 때 방출되는 싱크로트론 복사로 빛나고 있고요.

sigma-3.686067, max-9.1776, bot-0.00863424

10   1226+023   10/03/97

0

-10

      10   0   -10

■ 파장 2 cm의 전파로 본 3C 273의 제트
왼쪽 위에 방출원이 있으며, 제트는 오른쪽 아래 방향으로 나오고 있다.

(그림: VLA)

2 퀘이사 3C 273의 정체

3C 273 자체는 은하 중심핵의 강력한 전파원이었습니다. 그럼 은하 본체는 어떤 형태를 하고 있을까요?

3C 273까지의 거리는 16억 광년이나 되므로, 은하의 형태를 조사하기란 쉽지 않습니다. 게다가 은하 중심부가 한층 더 밝기 때문에 더욱 관측이 어렵습니다. 허블우주망원경을 사용해 간신히 관측한 3C 273의 모은하는 이상한 형태를 하고 있었습니다.

오른쪽 사진은 중앙부에 구멍이 뚫려 있는 것처럼 보입니다. 태양의 코로나를 관측할 때는 태양 본체의 밝기가 방해되므로 태양을 차폐해 촬영하는 '코로나 그래프(coronagraph)'라는 장치를 사용합니다. 여기서도 그 원리를 응용했습니다. 3C 273의 중심핵에는 거대한 블랙홀이 있는데, 이곳에서 강렬한 중력발전을 하고 있습니다. 중력발전으로 중심핵이 매우 밝게 빛나므로, 중심부를 가린 뒤 은하 본체의 사진을 찍는 것입니다. 이렇게 해서 겨우 은하 본체를 볼 수 있었습니다.

언뜻 보면 타원은하 같지만, 나선이나 바깥쪽을 향하는 수염 같은 구조가 보입니다. 이 구조를 설명하려면, 은하의 합병이 가장 적합합니다. 하나의 은하가 아니라 2개 이상의 은하가 합병해 3C 273이 태어난 것입니다.

은하의 합병은 원래 가지고 있던 은하의 형태를 본질적으로 바꿀 수 있다는 뜻입니다. 만약 2개의 나선은하가 합병하면, 합병 과정에서 원래 은하에 포함돼 있던 별의 위치나 운동이 크게 변화해, 타원은하처럼 돼 버립니다.

(그림: NASA/ESA/STScl)

3 은하의 합병으로 태어난 퀘이사

허블우주망원경을 사용해, 20억 광년 안에 있는 다른 퀘이사도 조사해 보았습니다. 그러자 모든 퀘이사에서 은하의 합병 징후가 있었습니다. 오른쪽 그림의 왼쪽 아래 은하는 타원은하처럼 보입니다. 이것은 별문제 없습니다. 원래 두 개의 원반은하가 합병하면 타원은하 같은 형태가 된다고 알려져 있기 때문입니다.

그럼, 모든 타원은하는 퀘이사가 되는 것일까요? 반드시 그렇다고는 할 수 없습니다. 퀘이사를 빛나게 하는 엔진이 초거대질량 블랙홀이기 때문입니다.

퀘이사의 광도를 별로는 설명할 수 없습니다. 겨우 1광년에도 미치지 못하는 은하 중심 영역에 별을 1조 개나 넣는 것은 불가능하기 때문입니다. 또한, 별은 강렬한 전파제트를 만들 수 없습니다. 별 이외의 무언가가 작용하지 않으면 설명할 수 없는 현상입니다. **초거대질량 블랙홀 가설**은 퀘이사가 발견된 다음 해에 제안되었습니다.

퀘이사의 광도(태양의 1조 배 이상)를 설명하려면, 태양 1조 개 이상의 질량을 지닌 초거대질량 블랙홀이 있어야 가능합니다. 은하계의 중심핵에는 태양의 410만 배의 질량을 지닌 초거대질량 블랙홀이 있을 정도이므로, 찾기 어렵지는 않습니다. 그러나 그저 블랙홀이 있다고 해서 중력발전이 일어나지는 않습니다. 초거대질량 블랙홀 안으로 별이나 가스 등 질량이 있는 물체를 빠뜨릴 필요가 있습니다.

가스는 어디에나 존재하므로 일반적으로는 가스가 블랙홀로 빨려들어 간다고 생각할 수도 있습니다. 은하에 있는 가스는 다른 천체와 마찬가지

■ 퀘이사의 모은하

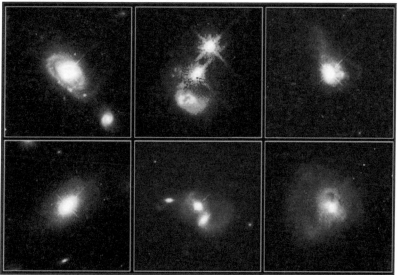

(그림: NASA/ESA/STScl)

가령 은하가
합병해도 거대한
블랙홀이
태어나지 않으면
퀘이사가 되지
않는다고
합니다.

그리고 거기까지
성장하려면,
역시 은하의 합병이
반복될 필요가
있어요.

태양의 1억 개
이상의 질량을 지닌
초거대질량 블랙홀….
그것이 퀘이사의
광도를 낳는
에너지원이
되기 때문이죠.

로 회전운동을 동반하지 않습니다. 그래서 블랙홀을 향해 곧장 빠지지 않습니다. 블랙홀 주변을 돌면서 천천히 빠지는 것입니다. 그러면 초거대질량 블랙홀 주변에 **강착가스원반**이 생성됩니다. 원반 주변에는 도넛 형태의 **토러스**(Torus)라고 부르는 구조가 생기는데, 여기서 가스가 공급됩니다.

전파제트는 원반과 수직 방향으로 2개 내뿜습니다. 이 방향은 은하 중심부의 자기장 방향으로, 자력선이 원반을 가로지르듯 흐르기 때문에 정해졌습니다. 단, 왜 전파제트가 나오는지는 현재도 잘 모릅니다.

더욱 심각한 문제도 남아 있습니다. 3C 273은 강한 전파원으로 발견되었습니다. 그런데 퀘이사 안에서 강한 전파원이 된 것은 5%밖에 없다는 사실을 이후에 이뤄진 조사를 통해 알게 되었습니다. 대부분 강렬한 X선이나 자외선을 방출하지만, 전파로 밝게 빛나는 것은 의외로 적습니다.

어쩌면 **초거대질량 블랙홀 쌍성**과 관계가 있을지도 모릅니다. 은하가 합병하면, 합병은하 중심부에는 초거대질량 블랙홀의 쌍성이 태어납니다. 이 쌍성의 진화 상태에 따라 전파제트가 나올 때와 나오지 않을 때로 나뉠지도 모릅니다. 문제는 초거대질량 블랙홀 쌍성의 합병을 관측하기가 상당히 어렵다는 것입니다. 공전운동에 따르는 각운동량을 잘 빠져나가지 않으면, 합병 자체가 일어나지 않습니다. 초거대질량 블랙홀 쌍성의 연구는 몇 년간 큰 관심을 끌고 있습니다. 앞으로 연구가 얼마나 진전될지 기대해 봅시다.

퀘이사의 탄생단계

① 질량이 큰 별의 죽음으로 블랙홀이 생긴다. 그 후, 가스나 별을 삼키며 초거대 질량 블랙홀로 성장한다.

② 주위에 있는 거대한 가스구름이 블랙홀로 빨려들어 갈 때, 몇 백만℃ 이상의 열로 타들어 간다.

③ 가스는 그 엄청난 열로 인해 빛을 내기 시작한다.

■ 초거대질량 블랙홀과 그 주변에 있는 강착가스원반

(그림: NASA/CXO)

■ 퀘이사와 전파제트의 개념도

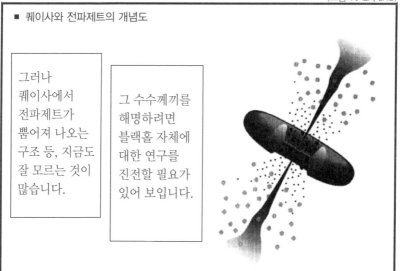

그러나 퀘이사에서 전파제트가 뿜어져 나오는 구조 등, 지금도 잘 모르는 것이 많습니다.

그 수수께끼를 해명하려면 블랙홀 자체에 대한 연구를 진전할 필요가 있어 보입니다.

4 갓 태어난 은하의 탐사

관측된 가장 먼 퀘이사의 거리는 129억 광년입니다. 은하의 나이가 138억 년이므로 놀랍게도 우주 탄생 후 겨우 6억 년 뒤에 태어난 은하를 관측한 것입니다. 그러나 우주 탄생 후 2~3억 년 경에는 이미 은하가 태어나기 시작했다고 추정하고 있습니다.

100억 광년 너머에 존재하는 은하가 발견되기 시작한 것은 허블우주망 원경이나 구경 8 m급의 지상의 대형망원경이 등장하고 부터입니다. 구경 8 m급 망원경 중 일본의 스바루(すばる, 좀생이별이라는 뜻-역주)망원경이 있습니다. 일본의 국립천문대가 하와이 마우나케아 산꼭대기에 설치한 것으로, 우주를 탐구하는 데 발군의 성능을 발휘하며 활약하고 있습니다.

갓 태어난 은하의 탐사는 스바루 딥 필드(SDF)라고 부르는 프로젝트로 이루어졌습니다. 스바루망원경에는 넓은 시야를 한 번에 영상 관측할 수 있는 주초점 카메라(Suprime-Cam이라고 부른다)가 있습니다. 한 번에 보름달 한 개 넓이의 하늘을 관측할 수 있는 뛰어난 기기입니다. 다른 구경 8 m급 망원경에는 이런 카메라가 없습니다. SDF 팀은 이 카메라를 이용해 갓 태어난 은하의 탐사에 나섰습니다.

먼 우주에 있는 갓 태어난 은하를 어떻게 찾는 것일까요? 만일 갓 태어난 은하가 특별한 빛을 발한다면 그것을 의지해 찾아낼 수 있습니다. 사실 딱 맞는 빛이 있습니다. 수소원자가 방출하는 빛입니다. 갓 태어난 은하에는 아직 별이 되지 않은 가스가 많습니다. 이 가스의 주성분은 수소와 헬륨뿐이라고 해도 과언이 아닙니다. 이 메커니즘에 대해서는 7장 5절에서 설명하겠습니다.

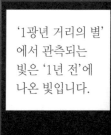

'1광년 거리의 별'에서 관측되는 빛은 '1년 전'에 나온 빛입니다.

■ 스바루 망원경

즉, 우주 탄생이라고 여겨지는 138억 년 전의 모습은 138억 광년 거리에 있는 천체를 포착해서 확인할 수 있습니다.

■ 주초점 카메라

지상에서도 점점 구경이 큰 카메라를 개발해 갓 태어난 우주를 찾으려 하고 있어요.

(사진: 일본 국립천문대)

구체적으로는 수소원자가 방출하는 '라이만 알파선'이라는 자외선을 포착하는 것이 중요해요.

은하가

갓 태어난 단계에서 방출하는 빛이라는 사실을 알고 있기 때문이죠.

다음 페이지에 계속.

5 갓 태어난 은하의 발견

갓 태어난 은하에 많은 가스(수소원자)는 방금 탄생한 별이 방출하는 자외선을 받아 전리됩니다. 수소원자는 양성자와 전자가 한 쌍으로 이루어져 있는데, 전리되면 양전하를 띠고 있는 양성자와 음전하를 지닌 전자로 나뉩니다. 그런데 **정전기력**(electrostatic force, 양전하와 음전하가 서로 끌어당긴다)이 발생해 다시 결합합니다. 이것을 **재결합**이라고 합니다. 이때 다양한 파장의 방출선이 나옵니다.

수소의 재결합으로 가장 강하게 방출되는 빛은 **라이만 알파선**(lyman-alpha line)입니다. 이 스펙트럼선은 자외선대에서 방출하며, 파장은 1,216 Å (옹스트롬)입니다. 그런데 갓 태어난 은하에서 방출된 라이만 알파선은 우주가 팽창하고 있는 영향을 받아 파장이 길어진 상태로 관측됩니다. 빛의 파장이 길어지면, 붉은색으로 보이므로 이 현상을 **적색편이**(redshift)라고 부릅니다. 기호는 'z'로 표시합니다. 적색편이는 은하까지의 거리와 상응하므로, 단적으로 우주의 크기를 나타낸다고 할 수 있습니다. 즉, 적색편이가 z인 은하가 있는 우주의 크기는 $\frac{1}{1+z}$가 됩니다. z가 1이라면 그 시기의 우주의 크기는 지금의 반이었다는 말이 됩니다. 이때 방출된 빛은 우주의 크기가 2배이므로 우리에게 닿을 때는 파장이 2배가 됩니다.

실제로 SDF 프로젝트로 발견한 129억 광년 떨어진 은하에서 온 수소원자의 라이만 알파선의 파장은 9,700 Å이었습니다. 이것을 적색편이로 표시하면 대략 $z = 7$입니다. 즉, 현재 크기와 비교해 아직 $\frac{1}{8}$ 정도였던 우주에 있던 은하에서 방출된 빛임을 알 수 있습니다.

우주의 저편에서 도착하는 빛은 '적색편이'라는 현상이 일어납니다.

우리 눈에 도착할 때쯤에는 빛의 파장이 늘어져 파장이 긴 색인 적색이 강하게 나오는 현상이죠.

■ SDF로 발견한 129억 광년 저편의 은하 IOK-1

적색편이가 일어나는 원인은 우주의 팽창….

가령 은하가 탄생할 때에 나온 빛이라도, 그 후 우주가 2배 크기로 팽창하면 빛의 파장도 2배가 됩니다.

스펙트럼 강도 (10^{-18} erg s^{-1} cm^{-2} Å^{-1})

IOK-1
z = 6.96 LAE

야광

파장(Å)

(그림: 일본 국립천문대)

분광기로 모든 파장의 빛을 조사해 어느 쪽으로 치우쳐 보이는지 관찰하면 우주의 팽창과 수축을 구별할 수 있어요.

■ IOK-1의 가시광선 사진
(확대도의 중앙에 보이는 붉은 은하)
IOK-1에서 방사된 자외선이 크게 적색편이하기 때문에 가시광선의 파장대로 이동해 빨갛게 보인다.

(그림: 일본 국립천문대)

6 갓 태어난 은하는 작을까?

129억 광년 떨어져 있는 은하는 IOK-1라는 이름이 붙여졌습니다. 우주의 나이는 138억 년이므로, 우주가 탄생하고 겨우 9억 년 뒤에 생성된 은하입니다. 그 당시의 은하는 어느 정도 크기였을까요? 현재 우주에 있는 은하는 은하계까지 포함해 수만 광년에서 10만 광년 정도 크기입니다. 그러나 탄생한 지 얼마 안 된 은하는 그 정도로 크지 않습니다.

허블우주망원경으로 조사해 보면, 그 무렵 은하의 크기는 수천 광년 정도밖에 되지 않습니다. 가스는 퍼져 있지만, 별의 집단으로서는 아직 수천 광년밖에 안 됩니다. 인간과 마찬가지로 은하도 어렸을 때는 작습니다.

그러나 그런 젊은 우주에서도 거대한 은하가 계속해서 태어나고 있다는 사실을 알게 되었습니다. HIMIKO라는 이름의 128억 광년 저편에 있는 은하입니다. 수소원자가스는 5만 광년의 넓이로 퍼져 있으며, 그 안에 3개의 은하가 보입니다. 분명 작은 은하가 계속 합병하면서 큰 은하로 성장해 간다고 여겨집니다.

현재 받아들여지고 있는 **은하형성이론**(galaxy formation theory)으로는 처음에는 작은 덩어리에서 출발해, 합병을 거듭하면서 거대한 은하로 성장해 간다고 추정합니다. HIMIKO는 그야말로 그 현장이라고 생각해도 좋을 정도입니다. 그러나 불가사의하게도 HIMIKO와 같은 은하는 달리 발견되지 않고 있습니다. 먼 우주에 있는 은하는 어두워서 확실히 찾기 어렵습니다. 아직 탐사가 부족하다고 밖에 생각할 수 없습니다.

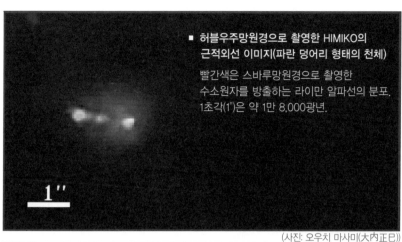

■ 허블우주망원경으로 촬영한 HIMIKO의
근적외선 이미지(파란 덩어리 형태의 천체)

빨간색은 스바루망원경으로 촬영한
수소원자를 방출하는 라이만 알파선의 분포.
1초각(1")은 약 1만 8,000광년.

1"

(사진: 오우치 마사미(大内正巳))

우주에 처음으로 태어난 은하는 매우 작은데, 합병을 거듭하며 성장한다고 해요.

위 사진은 젊은 우주에서 일어난 은하합병을 포착한 중요한 발견이죠.

?

파르르

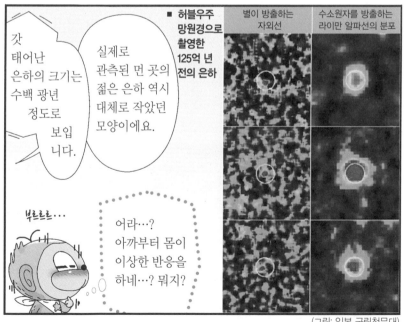

갓 태어난 은하의 크기는 수백 광년 정도로 보입니다.

실제로 관측된 먼 곳의 젊은 은하 역시 대체로 작았던 모양이에요.

■ 허블우주망원경으로 촬영한 125억 년 전의 은하

별이 방출하는 자외선

수소원자를 방출하는 라이만 알파선의 분포

부르르르…

어라…? 아까부터 몸이 이상한 반응을 하네…? 뭐지?

(그림: 일본 국립천문대)

7 프로젝트 HXDF의 성과

허블우주망원경은 1990년 발사된 이후, 우주의 탐구에서 큰 성과를 거둬 왔습니다. 특히, 갓 태어난 은하의 탐사에서는 출중한 활약을 하고 있습니다.

1990년대에는 '허블 딥 필드(HDF)', 21세기에 들어와 '허블 울트라 딥 필드(HUDF)' 그리고 최근에는 '허블 익스트림 딥 필드(HXDF)'의 프로젝트를 진행해, 갓 태어난 수많은 은하를 발견했습니다. 특히 2009년 근적외선의 최신예 카메라 WFC3(아래 그림)를 탑재하고부터 132억 광년 떨어진 은하까지 발견할 수 있게 되었습니다. 이 은하는 HXDF로 발견했습니다.

7장 4절에서 이야기한 '스바루 딥 필드(SDF)'에서는 보름달 1개 넓이의 하늘을 탐사했지만, HXDF는 오른쪽 그림처럼 상당히 좁은 하늘만 관측합니다. 그러나 지상의 망원경으로는 1만 시간 이상 관측해도 달성할 수 없을 정도의 상당히 어두운 은하까지 검출할 수 있습니다. 이것이 허블우주망원경의 강점입니다.

그림. 허블우주망원경에 탑재된 최신예 카메라 WFC3

■ HXDF가 담당한 시야

멀리 있는 은하를 탐사하려면 우주에서 직접 관측할 수 있는 우주망원경의 활약이 필수불가결합니다.

특별히 활용한 것이 허블우주망원경으로, 사실 시야는 이 사각 범위밖에 안 됩니다.

달의 크기   HXDF

1"

허블

허블

(그림: NASA/ESA/STScI)

그러나 지구 대기의 영향을 받지 않아, 가시광선이나 적외선으로도 상당히 어두운 은하를 검출할 수 있다는 점은 우주망원경의 커다란 강점이라고 할 수 있습니다.

(그림: NASA/ESA/STScI)

그런데 몽이한테 묻고 싶었던 게 있는데.

어째서 우주의 맨 끝에 집착하는 건가요?

그건 잊어버렸다.

우주의 맨 끝이 나한테 중요하다는 것밖에 기억나지 않는다.

우물우물.

215

8 근적외선으로 찾는 갓 태어난 은하

우리의 눈이 느끼는 파장대는 **가시광선**이라고 부릅니다. 파장의 범위는 4,000~7,000 Å(400~700 nm, 혹은 0.4~0.7 μm)입니다. 디지털카메라에는 반도체의 검출기인 CCD를 사용하는데, 이것은 파장 1 μm 정도까지 검출할 수 있습니다. 한편, 근적외선은 1~5 μm의 파장대의 빛(전자파)입니다. 7장 5절에서 IOK-1이 방사하는 라이만 알파선은 약 1 μm의 파장대에서 관측된다고 했습니다. IOK-1보다 더 먼 곳에 있는 은하에서 나오는 빛은 매우 큰 적색편이 때문에 가시광선대에서는 볼 수 없습니다.

적색편이가 7을 넘으면, 라이만 알파선은 파장 1 μm보다 긴 파장대에서 관측됩니다. 또한, 갓 태어난 은하에서 방출되는 자외선 중 파장이 912 Å보다 짧은 것은 주변에 있는 수소원자를 전리하는 데 사용돼 버리기 때문에, 은하 밖으로 새어 나오지 않습니다(전리흡수라고 부르는 현상). 따라서 적색편이가 10을 넘는 은하는 가시광선대에서 관측하면 아무 것도 볼 수 없습니다.

HUDF는 적색편이가 7이나 8인 은하 후보를 수십 개로 발견했습니다. 게다가 적색편이가 9~12인 은하 후보도 발견하기 시작했습니다. 적색편이 z = 12라고 하면, 134억 광년 떨어진 은하를 발견한 것이 됩니다. 아직 4억 년 정도밖에 안 된 은하입니다. 은하 '씨앗'의 탄생은 우주 나이가 거의 2억 년일 무렵 발생했다고 추정됩니다. 은하의 나이로 아직 2억 년이므로, 인간으로 치면 생후 수개월인 아기입니다.

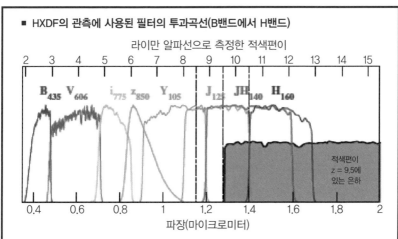

■ HXDF의 관측에 사용된 필터의 투과곡선(B밴드에서 H밴드)

아래의 가로축은 관측 파장. 위의 가로축은 라이만 알파선으로 관측한 파장을 적색편이 함수로 나타낸 것. 회색의 복사세기 분포는 적색편이가 9.5인 은하가 적색편이 때문에 자외선 방출이 근적외선대에서 관측되는 모습이다.

217

9 가장 먼 은하를 찾는 대형 망원경들

더욱 먼 곳의 은하는 발견될까요? 우리가 보고 싶은 것은 정말 갓 태어난 아기 은하입니다. 그러나 허블우주망원경을 사용하는 한, 2억 년이 한계입니다. 1장에서 소개한 허블우주망원경의 후속 우주망원경인 JWST가 움직이지 않으면, 그 이상은 발견하기 어렵습니다.

지상의 천문대는 현재 구경 8~10 m급 망원경에서 구경 30 m 이상의 초대형 망원경의 시대로 바뀌고 있습니다. 일본은 미국이 주도하는 구경 30 m 망원경 TMT(Thirty Meter Telescope) 계획에 참여하고 있습니다(한국도 GMT(Giant Magellan Telescope) 사업에 참여하고 있다).

유럽도 지지 않습니다. TMT보다 큰 40 m 구경의 망원경을 계획하고 있습니다. E-ELT(European Extremely Large Telescope)라고 부르는 망원경입니다(아래 그림). 이 두 망원경에도 큰 기대를 걸어보려 합니다.

그림. European Extremely Large Telescope(E-ELT)

■ TMT의 완성 예상도
(장소는 하와이섬의 마우나케아 산)

■ TMT의 주경 부분 완성 예상도

(그림: 일본 국립천문대 TMT 추진실)

허블우주망원경의 후속 우주망원경 'JWST'의 지름은 6.5 m, 집광력은 전자의 7.3배에 달합니다.

단, 시야가 좁아져서 심우주를 탐사하는 데는 그다지 효과적이라고 할 수 없어요.

후보를 찾은 뒤 정확한 거리를 측정하는 데는 구경 30 m급의 지상 망원경이 활약할 듯합니다.

지구나 달에서 시작한 우리의 연구 보고도

'드디어 올 때까지 왔다!'라는 느낌이 들어요.

남은 건, 우주에서도 가장 먼 쪽에 있는 그것 이야기네요!

부르르르...

그렇다!

그것이 듣고 싶었다고!

Column ❺ 먼 은하의 세계 기록

현재까지 발견된 가장 먼 은하는 'z8_GND_5296'이라는 이름의 은하입니다. 허블우주망원경이 주도하는 프로그램 'CANDELS'라는 심우주 탐사를 통해 발견한 것으로, 거리는 131억 광년입니다. 우주의 나이가 138억 년이므로, 우주가 7억 년일 무렵의 은하입니다. 적색편이는 $z=7.51$입니다. 사실 적색편이가 11에서 12 정도인 은하 후보도 발견했지만, 분광 관측으로 스펙트럼선을 검출해 적색편이가 측정된 것은 아닙니다. 그러나 z8_GND_5296는 하와이섬의 마우나케아산에 있는 켁 1(Keck 1)망원경으로 수소원자를 방사하는 라이만 알파선이 검출되었습니다. 즉, 적색편이가 정확히 측정된 은하 중에서 가장 먼 은하라는 영예를 얻은 것입니다.

그림. 가장 먼 은하로 인정받은 'z8_GND_5296'은 131억 광년에 있다.

(그림: NASA/ESA/STScI)

우주의 맨 끝

The end of the universe

드디어 우주 가장 깊은 곳으로의 여행입니다.
우주의 맨 끝에는 무엇이 있을까요?

1 138억 년 전의 우주

드디어 우주의 가장 깊숙한 곳을 보러 가겠습니다. 우주의 나이는 138억 년이므로 우주의 맨 끝은 138억 광년 저편에 있습니다. 138억 년 전의 우주, 즉 우주가 갓 태어났을 때입니다. 그렇다면 우리는 갓 태어난 우주의 모습을 볼 수 있을까요?

역시 아직은 불가능하지만, 40만 년 정도 된 우주라면 볼 수 있습니다. 지금까지 몇 번이나 언급한 우주 마이크로파 배경복사(cosmic microwave background radiation)라고 부르는 전파를 통해 보는 우주입니다. 이 전파는 우주의 모든 방향에서 다가옵니다. 물론 당신의 집에도 도착합니다. 밤에 TV를 끄지 않고 잠들면, 방송 종료 후 '지익……' 하는 잡음이 들립니다. 이런 잡음의 약 1%는 우주 마이크로파 배경복사의 영향이라고 합니다. 우리는 우주 탄생 직후라고 해도 좋을 정도의 시기에 방출한 전파를 받으며 생활하고 있는 것입니다.

우주 마이크로 배경복사의 정체는 대체 무엇일까요? 온도로 표현하면 3 K(kelvin), 섭씨로는 -270℃라는 터무니없이 차가운 온도의 '물체'에서 나오는 빛입니다. 그 물체란, 사실 우주 그 자체입니다. 그래서 모든 방향에서 관측되는 것입니다. 결국, 우주가 3 K라는 온도로 관측된다는 뜻입니다.

그럼 왜 이렇게 차가운 온도의 빛이 나오는 것일까요? 우주 마이크로 배경복사는 우주가 작열하는 불구슬이었다는 근거입니다. 이것을 이해하려면, 우주가 어떻게 탄생해서 진화해 왔는지 대략 알아야 할 필요가 있습니다. 8장 2절에서 간단히 정리해 보도록 하겠습니다.

우주의 나이는 138억 년….
즉, 138억 광년 저편에 있는
우주 맨 끝의 천체는
우주가 태어났을 때를
알려 줄 거예요.

■ WMAP 위성으로 관측한 우주 마이크로 배경복사
우주의 나이가 아직 약 40만 년일 때쯤으로,
거의 138억 년 전의 모습이라 할 수 있다.

태고의
우주를
알기 위해
'우주
마이크로
배경복사'로
관측합니다.

(그림: NASA/WMAP)

극도의
저온인 3 K
(섭씨 -270℃)의
물질에서
나오는 빛입니다.

40만 년보다
젊은 우주의 모습은
아쉽게도 전자기파로는
볼 수 없어요.
하지만 중력파 배경복사와
뉴트리노 배경복사라면
이론적으로는 가능성이 있으니
앞으로 기대해 봐야죠.

그,
그것도
중요하지만.

매,
매매매
맨 끝
….

그 말을
한 순간,
몽이의
상태가…
이상해요!

223

2   우주는 무에서 탄생했다

우주의 탄생에 대해서는 다양한 가설이 있는데, 그중 하나로 '우주는 무에서 탄생했다.'라는 가설이 있습니다. 이 광대한 우주가 아무것도 존재하지 않는 무의 상태에서 태어났다니, 믿어지지 않을지도 모릅니다. 그러나 이론적으로는 있을 수 있는 일입니다.

우리가 사는 우주는 팽창하고 있습니다. 만약 지금부터 시간을 거슬러 올라갈 수 있다면, 우주는 점점 작아져 갑니다. 그리고 최종적으로는 하나의 점으로 수렴해 버립니다. 즉, 우주는 점과 같이 작은 것에서부터 시작한 것입니다.

점은 부피가 없으므로 모든 물리량이 흩어져 무한대가 됩니다. 이 상태로는 발붙일 곳도 없으므로, 우주는 무한히 작은 상태에서 시작한 것이라고 생각해 봅시다. 이렇게 극히 작은 상태를 조사하려면, 우리에게 친숙한 **뉴턴 역학**은 사용하지 않습니다. 양성자와 같은 소립자의 성질을 이해하려면, **양자역학**(quantum mechanics)이라는 학문이 필요합니다. 소립자는 매우 작아서, 그야말로 극히 미세한 세계의 이야기입니다. 그곳에서는 모든 물리량이 흔들립니다. 위치도 속도도 에너지도 그리고 시간마저도 흔들립니다.

이런 아이디어를 응용하면 아무것도 없는 '무'의 상태도 흔들리고 있다고 가정할 수 있습니다. 그리고 그 '무'에서 어느 순간 쑥 하고 우주가 태어나는 것입니다. 이럴 수가! 그 순간에 시간과 공간이 태어납니다. 그때까지 시간이 없었으므로 우주 탄생 전에는 아무것도 없습니다. 그야말로 우주는 무에서 탄생했다고 말하는 것입니다.

무에서 태어났다고 하지만, 우주는 어떤 유한한 값의 에너지를 가지고

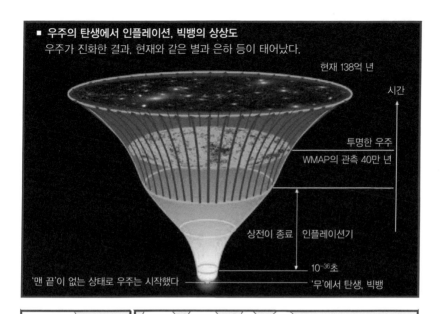

■ 우주의 탄생에서 인플레이션, 빅뱅의 상상도
우주가 진화한 결과, 현재와 같은 별과 은하 등이 태어났다.

현재 138억 년

시간

투명한 우주
WMAP의 관측 40만 년

상전이 종료 | 인플레이션기

10^{-36}초

'맨 끝'이 없는 상태로 우주는 시작했다 ── '무'에서 탄생, 빅뱅

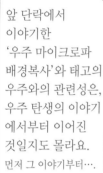

앞 단락에서 이야기한 '우주 마이크로파 배경복사'와 태고의 우주와의 관련성은, 우주 탄생의 이야기에서부터 이어진 것일지도 몰라요. 먼저 그 이야기부터….

현재, 우주 탄생의 시나리오 중 하나는 '무에서 우주가 탄생했다.'라는 가설입니다. 무의 상태에서 어느 순간 '에너지를 가진 진공'이 생겼다는 아이디어죠.

이 현상이 일어날 확률이 '0'이 아니라고 주장한 사람은 1981년 알렉산더 빌렌킨 (Alexander Vilenkin)이었습니다.

확률이 '0'이 아닌 현상은 일어날 수 있다. 그러므로 물리학자는 '무에서 우주가 탄생했다'라는 시나리오를 생각해낼 수 있습니다.

그, 그런 건가요….

두둥실~

그리고 진공이 생긴 순간, 우주에 처음으로 '시간'과 '공간'이 생겼다. 생긴 것이다….

있습니다. 공간으로는 진공이라는 단어가 적합하지만, 단순한 진공이 아니라 에너지를 지닌 진공입니다. 우주는 이 에너지를 잘 이용해 지수 함수적으로 팽창합니다. 이것은 **인플레이션**(inflation)이라고 부르는 현상으로, 일본의 사토 카츠히코(佐藤勝彦, 현 자연과학 연구기관장)와 미국의 앨런 구스(Alan Harvey Guth)가 1981년에 제안한 아이디어입니다. 급팽창(inflation)은 우주에 방대한 열에너지를 남기고 순식간에 끝납니다. 그리고 이번에는 그 열에너지를 이용해 우주가 팽창하기 시작합니다. 이것이 **빅뱅**(Big bang)입니다. 러시아의 조지 가모프(George Gamow, 1904~1968년. 러시아 출신의 미국 이론물리학자. 대표적인 업적으로 터널효과의 발견과 원자핵의 알파붕괴에 대한 설명이 있다. 과학의 대중화에도 앞장섰다-역주)가 1946년에 발표한 우주 이론 모델입니다.

 덧붙이자면, 가모프는 한 번도 '빅뱅'이라는 말을 사용하지 않았습니다. 그는 작열하는 갓 태어난 우주를 'Fireball(불구슬)'이라고 불렀습니다. '빅뱅'이라는 이름의 유래는 당시 **정상 우주 이론**(steady-state cosmology, 우주 속 물질과 에너지가 사라지는 만큼 계속 충족되어 정상 상태를 유지한다는 이론-역주)을 주장한 영국의 프레드 호일(Fred Hoyle, 1925~2001년)이 가모프의 이론을 라디오 방송으로 깎아내릴 때 붙인 속칭입니다. '저런 모델은 빅뱅이다!'라고 말했는데, 사실 빅뱅은 속어로 '거짓부렁'을 의미합니다.

 하지만 호일은 영국을 대표하는 천문학자 중 한 사람이었습니다. 영국의 케임브리지에 있는 천문학연구소에는 그의 동상이 서 있을 정도입니다. 그는 별의 내부에서 일어나는 열핵융합에 의한 원소합성을 명확하게 밝힌 것으로 유명합니다. 또한, 훌륭한 과학 계몽서의 저자로도 이름이 알려져 있습니다. 저도 학생 시절 그의 SF 소설 《암흑성운》을 읽고 대단한 사람이라고 감탄했습니다.

빌렌킨이 말한 '무에서 태어난 진공'이란 에너지를 가진 실체입니다. 그러므로 상태를 변화시킬 수 있습니다.

안녕~ 빌렌킨 입니다.

가모프 입니다.

빅뱅 우주론을 알고 계십니까, 여러분?

우와! 작다!

예를 들어, 물은 실체이므로 온도를 낮추면 0℃에서 얼음으로 변화합니다. 이것은 액체에서 고체로의 변화하는 것으로 '상전이'라고 부릅니다.

갓 태어난 우주(진공)는 에너지를 가지고 있어서 우주를 팽창시킵니다. 팽창하면 온도가 변하기 때문에 진공이라도 물처럼 상전이를 일으키는 것입니다.

우주는 탄생에서 불과 10^{-36}초 후 상전이를 경험해, 10^{-34}초 후에 끝났다!

그래도 그동안 우주의 크기는 10^{43}배나 커졌습니다!

그리고 상전이를 하면 열(숨은열)이 발생한다! 급팽창 후에는 팽대해진 열이 우주에 남아, 우주를 더욱 팽창시킨다….

그것이 '빅뱅' 이다…!

뭔가 엄청난 느낌이 듭니다!

3 빅뱅 후 우주가 투명해지기까지

빅뱅에서 팽창을 계속한 우주는 거꾸로 온도가 점점 내려갑니다. 처음에는 10^{27} K였던 온도는 3분 뒤에 1,000만 K까지 떨어집니다. 원자핵(수소원자핵과 헬륨원자핵)의 합성은 여기서 끝납니다. 더욱 온도가 내려가, 우주 나이 약 40만 년 무렵에는 3,000 K가 됩니다. 그때까지 우주는 전리돼 있어, 수소원자는 양성자와 전자로 나뉘어 있지만(플라즈마 상태), 3,000 K가 되면 양성자와 전자가 결합해 수소원자가 됩니다. 이 사건은 우주에 극적인 변화를 가져옵니다.

우주는 플라즈마로 채워져 있습니다. 빛과 같은 전자기파는 플라즈마의 방해로 우주 안을 나아갈 수 없습니다. 우주는 완전히 흐린 날씨와 같은 상태입니다. 그런데 수소원자가 생겨 우주가 중성화되면, 전자기파는 자유롭게 우주를 날아다닐 수 있습니다. 우주가 깨끗하게 맑아져서 투명해진 것입니다. 이 무렵 우주의 크기는 현재의 $\frac{1}{1,000}$ 입니다. 그래서 맑은 우주가 방출하는 온도 3,000 K의 빛을 현재 관측하면, 우주 팽창을 위한 파장이 1,000배 길어집니다. 파장이 1,000배 길어지면 에너지의 강도는 $\frac{1}{1,000}$ 으로 떨어집니다. 즉, 온도도 $\frac{1}{1,000}$ 이 되며, 3,000 K의 빛은 3 K의 빛으로 관측됩니다. 그것이 전파로 관측되는 우주 마이크로파 배경복사입니다. 빅뱅 모델이 맞는다면, 우주는 반드시 맑은 기간을 경험해야 합니다. 즉 우주 마이크로파 배경복사는 빅뱅 모델의 관측적 증거가 됩니다. 제창자인 가모프는 5 K라고 예측했습니다. 올바른 이론은 관측 가능한 예측을 세운다는 뜻입니다.

빅뱅 후의
우주 역사를 알면,
우주 마이크로파
배경복사의
    의미가
     보입니다.

우주의 역사

1 빅뱅 10^{27} K

급팽창 후의 에너지가 우주의 팽창에 사용돼,
온도는 급속히 내려간다.

2 3분 후 1,000만 K

수소원자핵이나 헬륨원자핵이 생성된다.

3 40만 년 후 3,000 K

전리하고 있던 양성자와 전자가 결합해 수소
원자가 생성된다(투명한 우주).

4 현재

우주는 1,000배 크기가 된다.

포인트는
3 입니다.

'흐렸던 우주(플라즈마 상태)'에서
'맑은 우주(수소원자의 생성)'로 변화가
일어났을 때 우주의 온도는
3,000 K.

그 당시의
빛을 만약
지금 관측하면,
'3 K'라는 온도의
빛이 되어야
합니다!

우주의 크기가
당시의 1,000배가
되었으니
에너지와 온도는
1,000분의 1
이라는 뜻이죠!

3 K의 전파….
그건 확실히
우주 마이크로파
배경복사
였군요!

이상,
가모프
선생님과
빌렌킨
선생님
이었습니다.

Thank
you!

4 우주의 역사와 암흑물질

앞에서 설명한 시나리오에 따라 우주의 역사를 대략 훑어보겠습니다. 물론 우주 역사의 전모가 해명되었다는 말은 아닙니다. 여기서는 지금까지 인류가 손에 넣은 우주의 역사를 소개합니다. 그림에는 우주 138억 년의 역사가 그려져 있습니다.

우주는 맑아진 뒤, 그 후로도 팽창을 계속해 점점 온도가 내려갑니다. 우주 안에는 점점 밀도가 높은 영역이 생성되고, 이윽고 가스구름을 만들게 됩니다. 우주 나이로 1~3억 년 정도 되면, 가스 구름의 밀도가 올라가고 우주에서 최초의 별(우주의 첫 번째 별)이 태어납니다. 우주가 맑아지고 나서 첫 번째 별이 탄생하기까지의 기간에는 우주에 별이 하나도 없었습니다. 그래서 우주는 완전히 깜깜했습니다. 이 시대를 우주의 암흑시대라고 부릅니다.

우주의 첫 번째 별이 태어났을 때 은하의 '씨앗'이 생성되었습니다. 단, 질량은 태양의 100만 배 정도입니다. 현재 은하의 질량은 태양의 100억 ~1,000억 배이므로, 갓 태어난 은하는 매우 가볍고 작았습니다. 은하의 아기 시대라는 뜻입니다. 아기 은하의 탄생에 하나의 역할을 맡은 것이 암흑물질입니다. 암흑물질의 총 질량은 별이나 우리의 신체를 구성하는 원시물질의 몇 배나 됩니다. 미지의 소립자라고도 하지만, 정체는 불명입니다. 우주의 첫 번째 별이나 은하의 형성은 암흑물질의 중력에 의해 촉진된 것입니다. 만약 원시물질밖에 없었다면, 은하는 아직도 태어나지 않았을 것입니다. 우리의 존재는 암흑물질 덕분이기도 합니다.

우주가 맑아졌대도 1~3억 년 정도는 암흑시대였습니다.

무에서 우주가 탄생 → 급팽창 → 빅뱅

은하의 씨앗 탄생

우주 마이크로파 배경복사

우주의 암흑시대

탄생

현재
138억 년

…하지만 그곳에 드디어 별이 태어납니다.

우주의 '첫 번째 별' 그리고 '은하의 씨앗'의 탄생입니다!

(그림: NASA/WMAP가 제공한 그림을 편집)

암흑물질이 관여하지 않으면 은하의 탄생을 설명할 수 없다고 합니다.

그래…. 그때 난 암흑물질 중력의 영향을 받아…

몽이가 더욱 빛을…!

5   은하의 탄생과 진화

은하는 어떻게 진화한 것일까요? 컴퓨터 시뮬레이션을 통해 알아봅시다.

우주 마이크로파 배경복사에 새겨진 얼마 안 되는 밀도의 진동에서 출발해, 암흑물질에 이끌려 우주의 첫 번째 별을 만들기까지 성장한 뒤, 은하의 씨앗은 주변에 있는 비슷한 씨앗과 합병을 거듭해 나갑니다. 은하 등을 형성해 나가는 힘은 **중력**입니다.

그래서 점점 무거운 은하의 씨앗을 향한 합병이 진행돼 커집니다. 수십억 년이 지나면, 현재 은하의 몇 분의 일정도 되는 은하가 완성됩니다. 합병은 계속 진행돼, 100억 년 이상의 시간에 걸쳐 하나의 나선은하로 성장해 갑니다. 긴 은하 형성의 역사입니다.

은하끼리 합병하면, 나선이나 막대나선 같은 구조가 형성됩니다. 또한, 타원은하처럼 원반을 잃고 구와 같은 형태의 은하가 되기도 합니다. 현재 우주에 있는 은하는 전부 이런 식으로 진화해 온 것으로 생각해도 좋습니다. 따라서 현재 존재하는 은하의 형태에 구애받지 않을 수 있습니다.

1,000억 년 후 우주에 남아 있는 것은 거대한 은하뿐입니다. 그곳에 에드윈 허블이 있다면 어떻게 할까요? 은하를 분류할까요? 틀림없이 하지 않을 것입니다. 그의 눈에 보이는 것은 타원은하뿐이라 분류할 필요가 없기 때문입니다.

우리는 행복한 시대에 살고 있습니다. 우주를 보면 다양하고 아름다운 은하의 세계가 펼쳐져 있기 때문입니다.

■ **은하의 진화를 나타낸 컴퓨터 시뮬레이션**
나선은하가 생성되기까지의 연속 화상. 처음에 파랗게 보이는 부분은 가스 분포를 나타내며, 그중 밀도가 높은 장소(하얀 부분)에서 별이 태어나기 시작한다.

그림: 일본 국립천문대 4차원 디지털 우주 프로젝트, 가시화: 다케다 타카아키(武田隆顕) · 누카타니 소라히코(額谷宙彦), 시뮬레이션: 사이토 타카유키(斎藤貴之)

6 우주는 어떻게 되어 있는 걸까

우리가 사는 은하계도 8장 5절과 같은 단계로 생성되었을 것입니다. 안드로메다은하도 마찬가지입니다. 그러나 우주에는 대략 1,000억 개 정도의 굉장히 많은 은하가 있습니다. 이들 은하는 마음대로 태어나 또 마음대로 성장해 온 것일까요? 아무래도 그렇지는 않은 듯합니다. 은하가 우주 속에서 무작위로 태어나 자랐다고 하면, 은하의 밀도는 우주의 어디라도 비슷해야 합니다. 즉, 은하는 우주에 똑같이 분포하고 있어야 한다는 말입니다.

그렇다고 하면 우리은하에서 우주를 바라봤을 때 어느 방향으로 봐도 비슷한 수의 은하가 보여야 합니다. 이것을 '우주는 한결같이 등방적이다'라고 하며, **우주원리**(cosmological principle)라고도 부릅니다. 게다가 시간적으로도 변하지 않는 경우는 **완전우주론원리**(perfect cosmological principle)라고 부릅니다. 우주는 팽창하고 있으므로 시간적으로 항상 변화합니다. 그래서 완전우주론원리는 성립하지 않습니다. 그럼 우주원리는 어떨까요? 수억 광년이나 수십억 광년이라는 큰 스케일로 보면, 대체로 우주는 한결같이 등방적입니다. 그러나 우주는 예상 밖으로 울퉁불퉁합니다. 6장에서 다루었듯이 우리은하와 안드로메다은하는 국부은하군이라는 은하군을 구성하고 있습니다. 그리고 1억 광년 안쪽의 우주를 살펴보면, 70%의 은하가 은하군에 속해 있습니다. 은하는 군집해서 존재하고 있는 것이 일반적입니다.

더욱 거대한 은하의 군집도 있습니다. 바로 은하단입니다. 수백 개에서 천 개의 은하가 한데 모인 장소입니다. 우리은하 가까이에서는 **처녀자리 은하단**(거리 5,900만 광년)과 **머리털자리 은하단**(거리 2.9억 광년)이 유명합니다.

(사진: 도쿄대학 천문학교육연구센터 기소관측소)

■ 머리털자리 은하단
2개의 거대 타원은하 주변에 약 천 개의 은하가 모여 있다.

■ 머리털자리 은하단에 줄지어 늘어선 은하단 무리

(그림: Bret Tully)

7 우주의 거대 구조

우주의 모습은 불가사의합니다. 은하가 집단으로 모여 있는 장소가 있는 반면 그 이외의 장소에서는 은하가 적은, 극단적으로 치우친 모습을 하고 있습니다. 앞 절에서 머리털자리 은하단을 소개했는데, 이 은하단에서는 줄지은 듯 늘어선 수많은 은하단이 발견되었습니다. 또한, 은하단 이외의 장소에서는 현격히 은하의 수가 적다는 사실도 알 수 있습니다. 이와 같은 장소를 **보이드**(void)라고 부르며, 이 모두를 **우주의 거대 구조**(large scale structure of the universe)라고 총칭합니다. 이와 같은 구조를 하고 있으므로 작은 규모로 우주를 보면 우주원리에 들어맞지 않는 것입니다.

1980년대 후반부터 우주의 거대 구조에 대한 탐사가 시작돼, 약 20억 광년 안쪽 우주에서는 은하가 있는 곳과 없는 곳이 마치 마트료시카 인형(러시아 전통 목각인형)처럼 포개져 있다는 사실을 알게 되었습니다. 그리고 아직 일부밖에 관측되지 않았지만, 우주의 거대 구조는 아득한 100억 광년 저편의 우주에서도 관측되기 시작하고 있습니다.

우주가 탄생한 뒤, 암흑물질이 중력으로 암약하며 우주 전체의 뼈대라고 할 만한 거대한 구조를 만들어 갑니다. 중력에 끌린 원시물질인 가스가 모여 그곳에 별이 태어나고, 은하로 성장해 갑니다. 작은 은하의 씨앗이 130억 년 이상의 시간을 거쳐, 우리가 사는 것 같은 독립적인 은하로 자랍니다.

수많은 은하는 지금도 합병을 거듭해 초거대 슈퍼 은하로 진화합니다. 우주는 한시도 진화를 그만두지 않습니다. 과연 이 우주의 행방은 어떻게 될까요?

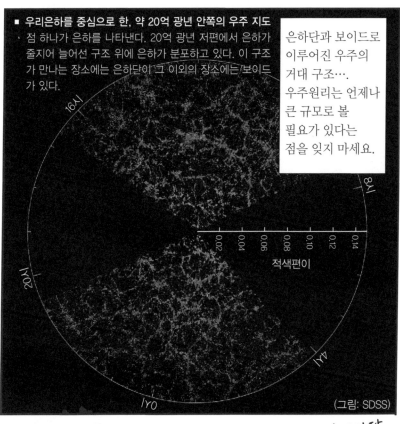

■ 우리은하를 중심으로 한, 약 20억 광년 안쪽의 우주 지도

· 점 하나가 은하를 나타낸다. 20억 광년 저편에서 은하가 줄지어 늘어선 구조 위에 은하가 분포하고 있다. 이 구조가 만나는 장소에는 은하단이 그 이외의 장소에는 보이드가 있다.

은하단과 보이드로 이루어진 우주의 거대 구조…. 우주원리는 언제나 큰 규모로 볼 필요가 있다는 점을 잊지 마세요.

16시

20시

8시

4시

0시

0.02 0.04 0.06 0.08 0.10 0.12 0.14

적색편이

(그림: SDSS)

몽이가 별이 되어…. 지금부터는 단둘뿐이네요.

네…. 네에 ….

그럼, 이번엔 제가 한 번 모집해 보겠습니다! 신입 부원을!

마냥 기다려봤자 아무도 오지 않아요!

후다다닥

선배님의 천문 동아리는 저도 지킬게요!

으윽! 왠지 열 받네!

짝짝 짝짝

끝.

참고문헌

우주에 대해 좀 더 알고 싶은 분에게

이 책과 마찬가지로 태양계부터 우주까지 쉽게 해설한 책.

① 더 기본적인 것부터 알고 싶은 분

《최신 우주론과 천문학을 즐기는 책: 태양계의 수수께끼부터 인플레이션 이론까지 最新宇宙論と天文学を楽しむ本—太陽系の謎からインフレーション理論まで》, 사토 가쓰히코佐藤勝彦 감수, PHP 研究所, 1999년

《밤하늘에서 시작하는 천문학 입문: 소박한 질문으로 여는 우주의 문 夜空からはじまる天文学入門—素朴な疑問で開く宇宙のとびら》, 와타나베 준이치渡部潤一 저, 化学同人, 2009년

《천문학 입문: 컬러판 天文学入門 カラー版》, 미네시게 신嶺重慎・아리모토 준이치有本淳一 편집, 이와나미쇼텐岩波書店, 2005년

《거기가 알고 싶은 천문학そこが知りたい天文学》, 후쿠에 준福江純 저, 日本評論社, 2008년

《우주를 읽다: 컬러판 宇宙を読む カラー版》, 타니구치 요시아키谷口義明 저, 中央公論社, 2006년

② 우주 전체에 대해 좀 더 자세히 알고 싶을 때 도움이 되는 책

《우주는 어디까지 밝혀진 걸까? 宇宙はどこまで明らかになったのか》, 후쿠에 준福江純・아와노 유미粟野 由美 저, SBクリエイティブ, 2007년》

《신·천문학사전 新·天文学事典》, 다니구치 요시아키谷口義明 감수, 강담사講談社, 2013년

《신・천문학사전》은 사전이지만, 본격적인 천문학 개론서로도 사용할 수 있습니다.

이른바 우주론입니다. 여러분 모두 큰 관심이 있으리라 생각하지만, 가장 어려운 주제이기도 합니다. 《최신 우주론과 천문학을 즐기는 책》도 우주론을 쉽게 해설하고 있고 다른 좋은 책도 있습니다. 단, 조금 어려워지는 건 각오해 주세요.

③ 우주의 탄생과 진화의 해설서

《우주론입문: 탄생에서 미래로宇宙論入門—誕生から未来へ》, 사토 가쓰히코佐藤勝彦 저, 이와나미쇼텐岩波書店, 2008년

《우주가 정말 하나뿐일까?: 최신 우주론 입문 宇宙は本当にひとつなのか—最新宇宙論入門》, 무라야마 히토시村山斉 저, 강담사講談社, 2011년

※ 그 외에도 각 회사의 자료 및 웹사이트 등을 참고했습니다.

찾아보기

POST SCIENCE/15

가볍게 읽는 **우주의 신비**

지은이 다니구치 요시아키
옮긴이 이재화
감수 김용기
펴낸이 조승식
펴낸곳 (주)도서출판 북스힐
등록 제22-457호(1998년 7월 28일)
주소 서울시 강북구 한천로 153길 17
홈페이지 www.bookshill.com
E-mail bookshill@bookshill.com
전화 (02) 994-0071
팩스 (02) 994-0073

초판 인쇄 2021년 4월 15일
초판 발행 2021년 4월 20일

값 15,000원
ISBN 979-11-5971-335-4

* 잘못된 책은 구입하신 서점에서 바꿔 드립니다.